21世纪高等学校计算机规划教材

# 计算机网络技术及应用

Computer Network Technology and Application

郭浩 赵铭伟 陈玉华 季晓玉 编著

U0212943

人民邮电出版社

北 京

**图书在版编目（CIP）数据**

计算机网络技术及应用 / 郭浩等编著. -- 北京：
人民邮电出版社，2017.8
21世纪高等学校计算机规划教材
ISBN 978-7-115-45965-7

Ⅰ. ①计… Ⅱ. ①郭… Ⅲ. ①计算机网络—高等学校
—教材 Ⅳ. ①TP393

中国版本图书馆CIP数据核字(2017)第172185号

## 内 容 提 要

本书共 7 章，系统地介绍了计算机网络的基础知识、基本原理和应用案例。主要内容包括：计算机网络概述、数据通信基本知识、计算机网络体系结构、局域网原理和技术、Internet 技术与应用、信息安全基础及实验案例。其中在"实验案例"部分集中讲解了各种网络设计、构建、配置的应用，有助于学生理解计算机网络的理论知识，并把理论知识融会贯通到实际应用中，培养学生的实践操作能力。

本书适合作为高等学校非计算机类专业"计算机网络技术"课程的教材，也可作为计算机相关人员的培训教材和学习参考书。

◆ 编　著　郭　浩　赵铭伟　陈玉华　季晓玉
　　责任编辑　张　斌
　　责任印制　陈　犇
◆ 人民邮电出版社出版发行　　北京市丰台区成寿寺路 11 号
　　邮编　100164　电子邮件　315@ptpress.com.cn
　　网址　http://www.ptpress.com.cn
　　三河市海波印务有限公司印刷
◆ 开本：787×1092　1/16
　　印张：11　　　　　　　　　2017 年 8 月第 1 版
　　字数：276 千字　　　　　　2017 年 8 月河北第 1 次印刷

定价：32.00 元
读者服务热线：**(010)81055256**　印装质量热线：**(010)81055316**
反盗版热线：**(010)81055315**
广告经营许可证：京东工商广登字 20170147 号

计算机网络技术及其应用是大学本科计算机基础教学培养方案中最重要的技术课程之一。本书是参照教育部高等学校非计算机专业计算机基础教学指导分委会发布的《关于进一步加强高等学校计算机基础教学的意见》中"网络技术与应用"课程的基本要求编写的教材。

本书由多年从事计算机网络技术理论和实践教学的教师精心编写而成,全书共分为 7 章,结合目前国内高校各类非计算机专业计算机网络技术教学的实际,融合计算机网络技术的最新发展,系统地阐述了计算机网络的概念和知识、数据通信基本知识、网络体系结构、局域网原理和技术、Internet 技术与应用和网络安全及实验案例等。每章都附有若干练习题,并在本书最后部分给出了参考答案,便于学生自学及复习。本书的教学参考学时数为 32~36 学时,建议授课 22 学时,实验 10~14 学时。

作为面向高校非计算机类专业计算机网络技术课程的教材,本书在保证关于网络技术基本理论知识的论述简明扼要、通俗易懂等优点的基础上,着力突出了以下两个特点。

(1)为了体现教育部关于强化实践教学环节的培养目标,本书以应用为导向,以实践为基础,在内容编排上突出对学生实践动手能力的培养。在书中第 7 章(实验案例)集中讲解了各种网络设计、构建和配置的应用案例,有助于学生理解网络理论知识,并把理论知识融会贯通到实际应用中。

(2)为了体现网络技术发展的时代感,本书介绍了网络发展的一些前沿技术及理念。在第 1 章(计算机网络概述)介绍了关于 Internet 发展过程中从 Web 1.0 至 Web 3.0 各个阶段内容;在第 5 章(Internet 技术与应用)介绍了移动互联网和基于 IPv6 的互联网的实际部署状况两部分内容;在第 6 章(网络信息安全与网络管理),对 2010~2016 年出现的一些网络安全事件等内容进行了描述。

全书由郭浩主持编写,并负责汇总和统稿工作。本书编写分工如下:第 1 章、第 2 章、第 4 章和第 5 章由郭浩编写;第 3 章由郭浩、陈玉华和赵铭伟共同编写;第 6 章由赵铭伟和季晓玉共同编写;第 7 章由陈玉华编写。

虽然本书全体编写人员尽心尽力,但由于时间仓促,新的知识和技术资料不断涌现,加之编者水平有限,书中难免有疏漏和不妥之处,敬请广大师生及各位读者给予批评和指正。

# 目 录 CONTENTS

# 01

# 第1章 计算机网络概述

## 1.1 什么是计算机网络

自 20 世纪 90 年代起，以互联网（Internet）为代表的计算机网络得到了飞速发展，已从最初的教育科研网络发展成为商业网络，人类社会也逐步进入了信息化时代。近年来，随着互联网和移动互联网技术的进一步发展，数据量的激增和类型的多样化，促使现代信息社会进入了大数据时代。互联网的快速发展产生大数据，大数据反过来驱动互联网各类应用的加速演进。计算机网络已经成为信息社会的命脉和发展知识经济的重要基础。

### 1.1.1 计算机网络的定义

计算机网络就是将分散在不同地理位置的具有独立功能的计算机系统通过通信设备和传输介质相互连接，在网络软件的支持下实现相互通信、资源共享和协调工作的系统。

从逻辑功能上看，计算机网络是以传输信息为基础目的，用通信线路将多个计算机连接起来的计算机系统的集合，一个计算机网络组成包括传输介质和通信设备。

从用户角度看，计算机网络是这样定义的：存在着一个能为用户自动管理的网络操作系统。由它调用完成用户所调用的资源，而整个网络像一个大的计算机系统一样，对用户是透明的。

计算机网络应该具备以下基本特征。

（1）实现资源共享，这也是建立计算机网络的主要目的。所谓资源是指计算机系统中的硬件、软件和数据。资源共享的意义是：网络用户不仅可以使用本地计算机资源，而且可以访问网络上的远程计算机资源，还可以调用网络中几台不同的计算机共同完成某项任务。

（2）联网的计算机分布在不同的地理位置，同一网络中的计算机可能远在天涯，也可能近在咫尺。

（3）联网的计算机是具有独立功能的自治系统。互联的计算机之间没有明确的主从关系，每台计算机既可以联网工作，也可以脱离网络独立工作；联网计算机既可以为本地用户提供服务，也可以为网络上的远程用户提供网络服务。

（4）联网的计算机之间相互通信时所使用的通信手段可以采用不同的形式，既可以是普通电话网、专用数字通信网，也可以是无线通信网等。

（5）联网的计算机必须遵循全网统一的网络协议。为保证网络中计算机之间的数据交换能正确地、有条不紊地实现，就要求网络中的每台设备在通信过程中必须共同遵守预定的网络通信规则、标准与约定。这种为进行网络中的数据交换而建立的规则、标准与约定就称为网络协议。

## 1.1.2  计算机网络的逻辑结构

计算机网络从逻辑结构上分为资源子网和通信子网两部分，以便实现数据处理与数据通信两大基本功能。通信子网面向通信控制和通信处理，是负责通信传输的子网，资源子网是面向用户的，是负责数据处理的子网。网络的逻辑结构如图 1-1 所示。

通信子网由通信处理机（Node Computer，NC）、通信线路、信号变化设备及其他通信设备组成，完成数据的传输、交互以及通信控制等功能。

资源子网包括拥有资源的用户主机、请求资源的用户终端以及各种软件资源与信息资源。资源子网的主要任务是提供资源共享所需的硬件、软件及数据等资源，提供访问计算机网络和处理数据的能力。

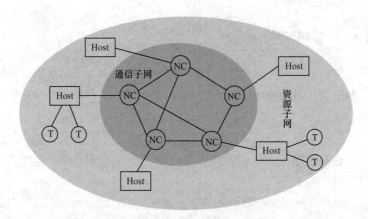

图 1-1  计算机网络的逻辑结构示意图

## 1.1.3  计算机网络的功能

计算机网络的功能主要体现在以下几方面。

1. 信息交换及通信

为分布在世界各地的用户提供了比传统通信手段更为方便、快捷、有力的信息交换方式和人际交互手段。如通过网络交换各种文档、图片，收发电子邮件，进行在线聊天，发布新闻等。

2. 资源共享

能够使用户摆脱地理位置的束缚去使用网络上的硬件、软件和数据资源。硬件资源主要包括计算机的处理能力、输入/输出设备和大容量存储设备等。软件资源主要包括数据库管理系统、应用软件、开发工具和服务器软件等。数据资源主要包括数据文件、数据库和光盘所保存的各种数据等。通过资源共享，增加了网上计算机的处理能力，提高了软件、硬件资源的利用率。

### 3. 提高可靠性

计算机网络中拥有可替代的资源，从而提高了整个系统的可靠性。例如，网络中的多台计算机可以通过网络彼此间相互备用，一旦某台计算机出现故障，其任务可由其他计算机代其处理；存储在一台计算机中的文件损坏了，在网络的其他计算机中仍可找到副本供使用。

### 4. 分布处理与负载均衡

对于大型综合性计算问题，可采用适当的算法将任务分散到多台计算机进行分布式处理。多台计算机相互协调、均衡负载，扩大了计算机的综合处理能力。

## 1.1.4　计算机网络的基本组成

完整的计算机网络系统是由网络硬件系统和网络软件系统两部分组成的。

### 1. 计算机网络的硬件组成

网络硬件是计算机网络系统的物质基础。构成一个计算机网络，首先要使计算机及其附属硬件设备通过传输介质与网络中的其他计算机系统连接起来，即实现物理连接。网络硬件包括网络设备和传输介质等。

（1）网络服务器和工作站

计算机是网络中最主要的元素，根据它们在网络中的作用，可将其分为网络服务器和网络工作站。

服务器通常是一台高性能的微型计算机或专用服务器，它的功能是提供网络资源和网络管理，根据网络工作站提出的请求，对网络用户提供服务。

连接到网络上的用户使用的个人计算机，都可以称为工作站。用户通过工作站使用服务器提供的服务和网络资源。

（2）网络传输介质

网络传输介质是实现网络物理连接的线路。传输介质可分为有线和无线两大类。常用的有线传输介质是同轴电缆、双绞线和光导纤维电缆（简称光纤或光缆）等。常用的无线传输介质有微波、短波、红外线和激光 4 类。

（3）网络设备

网络设备是指网络中计算机之间的通信设备和连接设备，包括网络接口适配器（网卡）、调制解调器、中继器、集线器、交换机、网桥、路由器和网关等。

### 2. 计算机网络的软件组成

计算机网络的软件系统用来实现对网络的控制和管理、网络通信、资源共享等，是实现网络功能不可缺少的软环境。计算机网络的软件系统通常包括网络操作系统、协议软件、管理软件和网络应用程序。

（1）网络操作系统

网络操作系统是网络软件系统的基础，它建立在单机操作系统之上，增加了网络管理功能，用以实现对网络的管理和控制，如能够提供资源的共享、数据的传输，同时能够提供对资源的排他访问等。根据网络类型的不同，网络操作系统可以分为传统互联网操作系统和移动互联网操作系统两大类。目前比较流行的几类传统互联网网络操作系统是 Windows、UNIX 和 Linux。比较流行的移动互联网操作系统主要有苹果的 iOS、谷歌的 Android、微软的 Windows phone 和阿里的阿里云系统等。

- Windows 系统

Microsoft 公司的 Windows 系统不仅在个人操作系统中占有绝对优势,在网络操作系统中也具有非常强劲的力量。随着计算机硬件和软件的不断升级,Windows 系统的架构从 16 位到 32 位再到 64 位,版本从最初的 Windows 1.0 到大家熟知的 Windows 95、Windows 98、Windows ME、Windows 2000、Windows 2003、Windows XP、Windows Vista、Windows 7、Windows 8、Windows 10 和 Windows Server 服务器企业级操作系统。它的优点是配置简单、应用方便,功能上能够满足局域网的管理需求及中小型的网络应用服务。但其稳定性能不如 UNIX 系统。

- UNIX 系统

UNIX 是一种集中式分时多用户体系结构的计算机操作系统。UNIX 原本是针对小型机主机环境开发的操作系统,经过多年的不断发展,现在是 PC 服务器、中小型机、工作站、大型机及集群、SMP、MPP 上全系列通用的操作系统。目前常用的 UNIX 系统版本主要有:Sun 的 Solaris UNIX、IBM 的 AIX 和惠普的 HP-UX 等。

UNIX 系统具有高可靠性、开放、高效和稳定的优点。UNIX 系统对各种数据库,特别是关系型数据库管理系统提供了强大的支持能力,因此主要的数据库厂家,包括 Oracle、Informix 和 Sybase 等都将 UNIX 作为优选的运行平台。所以 UNIX 系统一般应用于高端、关键应用场合。

- Linux 系统

Linux 是从 UNIX 发展而来的,可以认为它是 UNIX 系统的一个变种,因而 UNIX 的优良特点,如可靠性、稳定性以及强大的网络功能、强大的数据库支持能力以及良好的开放性等都在 Linux 系统上体现出来。Linux 最大的特点在于它是开放源码的自由软件,在其上运行的许多应用程序可以免费获得,同时 Linux 系统以高效性和灵活性而著称,它能够在计算机上实现全部的 UNIX 特性,具有多任务、多用户的特点。

Linux 操作系统发展迅猛,尤其是在中高端服务器上得到了广泛的应用,国际上很多知名的软硬件厂商都毫无例外地与之结盟、捆绑,将之用作自己的操作系统。

- iOS 系统

iOS 是由苹果公司开发的移动操作系统。苹果公司最早于 2007 年 1 月的 Macworld 大会上公布这个系统,最初是设计给 iPhone 使用的,称为 iPhone OS,后来陆续套用到 iPod touch、iPad 以及 Apple TV 等产品上。2010 年 6 月苹果公司将 iPhone OS 正式改名为 iOS。iOS 与苹果的 Mac OS 操作系统一样,属于类 Unix 的商业操作系统。

- Android 系统

Android 是一种基于 Linux 的自由及开放源代码的操作系统。Android 操作系统最初由 Andy Rubin 开发,主要支持手机。2005 年 8 月由 Google 收购注资。2007 年 11 月 Google 与 84 家硬件制造商、软件开发商及电信运营商组建开放手机联盟共同研发改良 Android 系统。第一部 Android 智能手机发布于 2008 年 10 月。Android 逐渐扩展到平板电脑及其他领域上。2011 年 8 月起,Android 占据全球智能移动终端市场的份额跃居全球第一。

(2)协议软件

协议软件是计算机网络中通信的各个节点之间所必须遵守的规则的集合。它定义了通信各节点之间交换信息的顺序、格式和词汇。协议软件是计算机网络软件中最重要、最核心的部分。协议软件的种类很多，不同体系结构的网络系统都有支持自身系统的协议软件，最典型的协议软件是 TCP/IP 协议簇。

（3）管理软件

管理软件用于管理计算机网络的用户与网络的接入、认证，维护计算机网络的安全，掌握网络运行状态等。

（4）网络应用程序

网络应用程序面向用户，计算机网络通过它为用户提供网络服务。典型的网络应用软件有电子邮件、WWW 服务及移动端的 Apps 应用等。

# 1.2　计算机网络的发展过程

## 1.2.1　从计算机网络的起源到 Internet 的建立

从计算机网络的起源到 Internet 的建立大致经历了 4 个阶段。

### 1.　以单机为中心的远程联机系统

20 世纪 50 年代初，由于美国军方的需要，美国半自动地面防空系统（SAGE）的开发开始了计算机与通信技术相结合的尝试。该系统将远程的雷达和其他测量设备的信息通过通信线路传送到一台 IBM 计算机上，实现集中的处理与控制，该系统被誉为计算机通信发展史上的里程碑，在这一阶段以单机为中心的远程联机系统是早期计算机网络的主要形式，如图 1-2（a）所示。在这种系统中，一台计算机（主机，Host）是网络的中心和控制者，终端（键盘和显示器，Terminal）分布在各地并与中心计算机相连，系统中除了这台中心计算机外，其余终端不具备存储和数据处理能力，用户通过本地的终端使用远程的中心计算机。所以这个阶段的计算机网络又称为"面向终端的计算机网络"。

20 世纪 60 年代初，面向终端的计算机网络有了新的发展。为了减轻中心计算机与终端间的通信负担，在中心计算机前面增设了前端处理机（Front-End Processor，FEP），专门负责通信控制。为了提高线路的利用率、降低成本，在终端聚集处设置了集中器，用低速线路将各终端汇集到集中器，再通过高速线路与计算机相连，如图 1-2（b）所示。

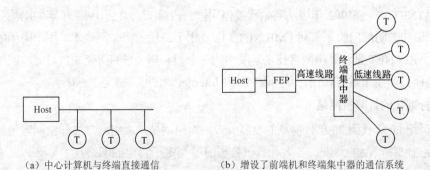

（a）中心计算机与终端直接通信　　　（b）增设了前端机和终端集中器的通信系统

图 1-2　以单机为中心的远程联机系统

### 2.　多台主机互联的通信系统

20 世纪 60 年代后期出现了多个主机互联的系统。这种网络利用通信线路将分散在不同地点的具有自主处理能力的计算机连接起来，主机之间没有主从关系，用户通过终端不仅可以共享本主机上的软硬件资源，还可以共享网络中其他主机上的软硬件资源。不同主机之间的互联形式有两种。

第一种形式是通过通信线路将主机直接互联起来，主机既承担数据处理任务，又承担通信工作，如图 1-3（a）所示。

第二种形式是把通信从主机中分离出来，设置专门的通信控制处理机（Communication Control Processor，CCP），主机间的通信通过 CCP 的中继功能间接进行，如图 1-3（b）所示。

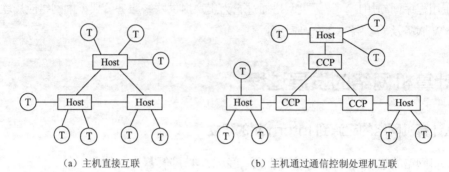

（a）主机直接互联　　　　　　　　　　（b）主机通过通信控制处理机互联

图 1-3　多台主机互联的通信系统

现代意义上的计算机网络是从美国国防部高级研究计划局（DARPA）建成的试验网开始的。1968 年，美国国防部高级研究计划局组建了一个计算机网，名为"阿帕网"（ARPANET）。新生的阿帕网获得了美国国会批准的 520 万美元的筹备金及两亿美元的项目总预算，这是当年我国国家外汇储备的 3 倍。时逢美苏冷战最激烈的阶段，美国国防部认为，如果仅有一个集中的军事指挥中心，万一被苏联摧毁，全国的军事指挥将处于瘫痪状态，所以需要设计一个分散的指挥系统。它由一个个分散的节点组成，当部分指挥点被摧毁后其他指挥点仍然能正常工作，而这些分散的节点又能通过某种形式的通信网取得联系。

1969 年阿帕网第一期投入使用，有 4 个节点。位于各个节点的大型计算机采用分组交换技术和层次结构的网络协议，通过专门的通信交换机（IMP）和专门的通信线路相互连接。1973 年阿帕网跨越大西洋利用卫星技术与英国、挪威实现连接，扩展到了世界范围。1975 年阿帕网由美国国防部通信处接管。在全球已有大量新的网络出现，如计算机科学研究网络（CSNET）、加拿大网络（CSNET）和因时网（BITNET）等。1982 年中期阿帕网被停用过一段时间，直到 1983 年阿帕网被分成两个部分，即用于军事和国防部门的军事网（MILNET）以及用于民用的阿帕网版本。用于民用的阿帕网改名为互联网。ARPANET 是计算机网络技术发展中的一个里程碑，它的研究成果对促进网络技术发展和理论体系的研究产生了重要作用，并为因特网（Internet）的形成奠定了基础。

**3. 国际标准化的计算机网络**

经过 20 世纪 60 年代到 70 年代前期的发展，人们对组网技术、组网方法和组网理论的研究日趋成熟。为了促进网络产品的开发，各大计算机公司纷纷制定了自己的网络技术标准，发展各自的计算机网络系统。然而这些标准只在一个公司范围内有效，即遵从一个标准、能够互联的网络通信产品，只是同一公司的同构型产品，不同标准之间的转换非常困难。针对这种情况，国际标准化组织（ISO）于 1977 年设立了一个委员会，专门研究网络互联的标准体系结构，并于 1983 年颁布了世界范围内的网络互联标准，称为开放式系统互联参考模型（OSI/RM）。

OSI 参考模型的提出，为计算机网络的互联奠定了理论基础，极大地促进了计算机网络技术的发展。然而 OSI 在实施时受到了诸多因素的制约，最终没有成为产品，而 TCP/IP 体系的发展和应用都远远超过了 OSI，成为了事实上的标准。

早在 ARPANET 的实验性阶段，研究人员就开始了 TCP/IP 雏形的研究，TCP/IP 即传输控制协议/网际协议，是互联网最基本的协议，主要由网络层协议 IP 和传输层协议 TCP 组成。TCP/IP 协议簇定义了电子设备如何连入 Internet，以及数据如何在它们之间传输。1974 年 TCP/IP 问世，之后被插入 UNIX 系统内核中。1983 年 TCP/IP 成为 ARPANET 的标准协议。由于 ARPANET 与 UNIX 系统的迅速发展，TCP/IP 逐渐得到了工业界、学术界及政府机构的认可，从而获得了进一步的发展。随着 Internet 的高速发展，TCP/IP 协议簇与体系结构已成为业内公认的标准，全球的通信设施使用了同一种语言。

20 世纪 80 年代，随着微型计算机的广泛使用，以微机为主要建网对象的局域网迅速发展。美国电气与电子工程师协会（IEEE）于 1980 年成立了 IEEE802 局域网标准委员会，并制定了一系列局域网标准。其中 IEEE802.3（以太网）成为局域网技术的主流。

1987 年 9 月 20 日 20 点 55 分，按照 TCP/IP 协议，中国兵器工业计算机应用研究所成功地发送了中国第一封电子邮件，这封邮件以英德两种文字书写，内容是："Across the GreatWall we can reach every corner in the world（穿越长城，走向世界）"，标志着中国与国际计算机网络已经成功连接。

4. Internet 的建立

20 世纪 80 年代到 90 年代初，是互联网飞速发展的阶段，Internet 的快速发展和广泛应用使计算机网络进入了崭新的阶段。

1986 年，美国国家科学基金会利用 TCP/IP 通信协议，在 5 个科研教育服务超级计算机中心的基础上建立了 NSFNET 广域网。美国很多大学、研究机构纷纷把自己的网络并入 NSFNET。那时 ARPANET 的军用部分已脱离母网，建立了自己的网络 MILNET，ARPANET 逐渐被 NSFNET 替代，从而开始了 Internet 的真正快速发展阶段。

在 20 世纪 90 年代以前，Internet 的使用一直仅限于研究与学术领域。到 20 世纪 90 年代后，开始向商业机构开放。由于大量商业公司接入 Internet，网络通信量迅猛增长，NSFNET 不堪重负。为解决这一问题，美国政府决定将 Internet 主干网交给私人公司来经营。1990 年 9 月由 IBM、MCI 和 Merit 三家公司联合组建了高级网络服务公司（ANS），建立了一个覆盖全美的 ANSNET 网，其目的不仅在于支持研究教育工作，还为商业客户提供网络服务。到 1991 年底，NSFNET 的全部主干网实现了与 ANS 主干网相通，并以 45Mbit/s 的速率传送数据。与此同时，世界上许多国家先后建立了本国的主干网，并与美国的 Internet 相连，Internet 从此逐渐形成全球性的互联网。因此说，Internet 的商业化带来了 Internet 发展史上的又一次飞跃。

1991 年 8 月 6 日，万维网的发明人蒂姆·伯纳斯·李将万维网项目简介的文章贴上了 alt.hypertext 新闻组，通常认为这一天万维网公共服务在互联网上首次亮相。万维网是环球信息网（World Wide Web，简称 WWW）的缩写，有时也称之为 Web 或 W3，中文名字为"万维网""环球网"等。WWW 可以让 Web 客户端（浏览器）访问浏览 Web 服务器上的页面。

1993 年，美国公布了国家信息基础设施（NII）建设计划，NII 被形象地称为信息高速公路，由此推动了国际范围内的网络发展热潮。

1993 年，由欧洲原子核研究组织（CERN）开发的万维网被应用于 Internet 上，该组织宣布万维网对任何人免费开放，并不收取任何费用。蒂姆·伯纳斯·李放弃了专利申请，将自己的创造无偿地贡献给了全人类。

## 1.2.2 Internet 的发展

如图 1-4 所示，从 1994 年真正接入世界互联网开始，互联网经历了 1994—2004 年的大门户时代（Web 1.0）、2004—2009 年的网络互动时代（Web 2.0），在 2009 年之后，互联网迎来了一个全新的移动互联网时代。移动互联网是移动和互联网融合的产物，它继承了移动随时随地随身和互联网分享、开放、互动的优势，是整合二者优势的"升级版本"，移动互联网就是下一代互联网（Web 3.0）。

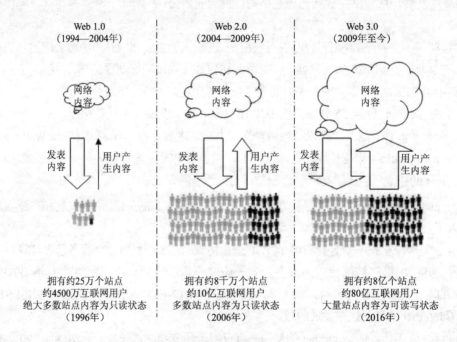

图 1-4　互联网发展至今经历的三个时代

### 1. Web1.0（1994—2004 年）

在第一代互联网 Web 1.0 时代，Netscape 研发出第一个大规模商用浏览器，Yahoo 提出了互联网黄页，而 Google 则推出了大受欢迎的搜索服务。概括起来 Web 1.0 具有如下特点。

- Web 1.0 采用的是技术创新主导模式，信息技术的变革对于网站的新生与发展起到了关键性的作用。新浪最初就是以技术平台起家，搜狐以搜索技术起家，腾讯以即时通信技术起家，盛大以网络游戏起家，在这些网站的创始阶段基本上依赖于技术创新主导模式。

- Web 1.0 的盈利模式都依赖于巨大的点击流量。无论是早期融资还是后期获利，依托的都是为数众多的用户和点击率，以点击率为基础上市或开展增值服务，受众群众的关注度，决定了盈利的水平和速度。

- Web 1.0 的发展出现了向综合门户网站合流的现象。新浪、搜狐、网易等继续坚持着门户网站的道路，而腾讯、MSN、Google 等也纷纷走向了门户网络，尤其关注于新闻信息。这一情况的出现，在于门户网站本身的盈利空间更加广阔，盈利模式更加多元化，占据网站平台，可以更加有效地实现增值意图，并延伸出主营业务之外的各类服务。

- Web 1.0 合流的同时，还形成了主营与兼营结合的明晰产业结构。新浪以新闻和广告为主，网易拓展游戏，各家以主营作为突破口，以兼营作为补充点。
- 在 Web 1.0 时代，以论坛等为代表的动态网站已广泛应用。

2．Web 2.0（2004—2009 年）

2004 年，互联网进入 Web 2.0 时代。这是一个利用 Web 平台，由用户主导生成内容的互联网产品模式，为了区别传统由网站雇员主导生成内容模式而定义为第二代互联网，即 Web 2.0。Web 2.0 模式下的互联网应用具有以下显著特点。

- 用户分享。在 Web 2.0 模式下，可以不受时间和地域的限制分享各种观点。用户可以得到自己需要的信息也可以发布自己的观点。
- 信息聚合。信息在网络上不断积累，不会丢失。
- 出现了以兴趣为聚合点的社区。在 Web 2.0 模式下，聚集的是对某个或者某些问题感兴趣的群体，进而逐步产生了细分市场。
- 开放的平台，活跃的用户。平台对于用户来说是开放的，而且用户因为兴趣而保持比较高的忠诚度，他们会积极地参与其中。

Web 2.0 具有代表性的业务包括以下几方面。

- Blog（博客）是一种由个人管理、不定期张贴新的文章、图片或者视频的网页或在线日记，用来抒发情感或者分享信息。根据中国互联网络信息中心（CNNIC）发布信息显示，截至 2014 年 12 月底，博客用户规模超过 1 亿人。
- RSS（简易信息聚合）是一种消息来源格式规范，用以聚合经常发布更新数据的网站，如博客文章、新闻、音频或视频的网摘等。RSS 文包含了全文或是节录的文字，按照用户的要求，推送到用户的桌面。RSS 技术诞生于 1999 年的网景公司，可以传送用户所订阅的内容，现在已经为新浪、网易等越来越多的网站所使用。
- SNS（社交网络服务）主要为一群拥有相同兴趣与活动的人创建在线社区。它基于互联网，为用户提供各种联系、交流的交互通路，为信息的交流与分享提供了新的途径。从 2008 年 5 月开始，开心网、校园网等 SNS 网站迅速传播，SNS 成为 2008 年的热门互联网应用之一。"偷菜游戏"等休闲交友游戏一时风靡网络。

Web 2.0 时代，由于手机也可以充当简单的浏览网站的工具，此时，网站数量也有了较快增加，用户数量也增加了很多，网站因此除了 Web 1.0 时代的要收集和发布大量的信息外，还需要处理比较多的用户的信息。像一些论坛，博客等，这些密码信息需要网站站点保存。站点有团队专门管理，有专业的编辑，将一些新闻信息进行整理和发布，而用户还会自己发表一些观点和看法，站点需要将用户所表达的信息进行处理、收集和整理，然后发布出来；而用户之间通过网站也可以互相交换信息和观点。如果说 Web 1.0 的本质是资讯，那么 Web 2.0 的本质就是互动，它让网民更多地参与信息产品的创造、传播和分享。

3．Web 3.0（2009 年至今）

Web 2.0 时代通信业迅速发展，数据的急速增长给许多行业带来了严峻的挑战和宝贵的机遇。《自然》杂志在 2008 年 9 月推出了名为"大数据"的封面专栏。从 2009 年开始"大数据"成为互联网技术行业中的热门词汇，现代信息社会步入了大数据时代，互联网进入了 Web 3.0 时代。大数据不仅改变了互联网的数据应用模式，还将深深影响着人们的生产生活。Web 3.0 模式下的互联网应用具有以下显著特点。

- 将互联网本身转化为一个泛型数据库。
- 跨浏览器、超浏览器的内容投递和请求机制。
- 人工智能技术的运用。
- 语义网。
- 地理映射网。
- 运用 3D 技术搭建的网络甚至虚拟世界。

Web 3.0 时代是伴随着移动互联网的到来而兴起的，是在 Web 2.0 的基础上发展起来的，它能够更好地体现网民的劳动价值。通过广泛普及的智能手机或其他智能终端平台，随时随地发布自己的信息，而人人也都可以随时随地获取自己感兴趣的信息，如微信、微博和微商等。Web 3.0 最大的特征应当是信息爆炸，与以往不同，信息的发布过去是网站进行主要的发布，而现在是人人都参与发布，信息质量参差不齐，平台提供者更需要的是对有用信息的过滤，而信息接收者有时候也会被过量的信息所干扰，大部分时间可能用来处理无效的信息。

### 1.2.3　从传统互联网到移动互联网

随着宽带无线接入技术和移动终端技术的飞速发展，人们迫切希望能够随时随地乃至在移动过程中都能方便地从互联网获取信息和服务，这一需求促使了从传统互联网向移动互联网的转变，以及移动互联网的迅猛发展。

传统互联网由电话线或光纤接入，每年大量的资金与人力用于铺设线路，从而增加了使用费用，而生产这些物资又涉及大气污染、矿产消耗。移动互联网则有着很多的优势，它无需线路铺设，节约了材料与人工成本，所以使用费用将会更低。

2007 年苹果 iPhone 手机面世，带来了 Web 2.0 阶段的一个明显趋势。iPhone 引领的移动智能终端大潮，使网络接入方式从固定转向移动互联网。苹果向第三方开放 App Store，拉开了一个全新的移动互联网商业模式。移动互联网是一种通过智能移动终端，采用移动无线通信方式获取业务和服务的新兴业务，包含智能终端、系统软件和应用软件三个层面。

通过对 2009 年以后中国整体网民及移动网民的规模进行统计可以看出，在互联网的发展过程中，基于个人计算机（PC）端的传统互联网服务已经成熟趋近饱和，覆盖人数基本保持比较平稳的状态，增幅很小，并且因为假期等季节因素影响有所波动；而移动端各项服务增速较快，不断增长，并且由于移动端随身的特性，受到节假日等季节因素影响很小。

移动互联网的兴起是 Web 3.0 的开端，而 Web 3.0 必将大大提高人类的发展进程，真正地做到"Anytime、Anywhere、Anyway"上网，促进并改变人们的生活。然而，移动互联网在移动终端、接入网络、应用服务和安全与隐私保护等方面还面临着一系列的挑战。其基础理论与关键技术的研究，对于国家信息产业整体发展具有重要的现实意义。

## 1.3　计算机网络的分类

可以从不同的角度对计算机网络进行分类，常见的有：按网络覆盖范围、按网络拓扑结构、按通信方式、按传输介质和按服务性质等分类方式。

## 1.3.1 按网络覆盖范围分类

通常根据网络的覆盖范围将计算机网络分为局域网、城域网和广域网。

（1）局域网（Local Area Network，LAN）

局域网是在一个有限的地理范围内组建的网络，这个有限的地理范围可以是一座建筑或一个园区内，覆盖范围通常在几十米到几千米。局域网具有较高的数据传输速率，一般在 10Mbit/s 以上；具有较好的传输质量，误码率低、可靠性高；易于安装、组建和维护，便于扩充，具有较好的灵活性。

（2）城域网（Metropolitan Network，MAN）

城域网的作用范围是一个城市或地区，其覆盖范围在几十到几百千米。城域网连接了大量的局域网，包括企业、政府机构、医院、银行和学校等各单位的局域网，各局域网之间可采用专用的通信线路进行高速连接。城域网是局域网的扩展和延伸。

（3）广域网（Wide Area Network，WAN）

广域网通常跨接很大的物理范围，由相距较远的局域网或城域网互联而成，一般覆盖一个国家、地区或横跨几个洲。例如中国教育和科研计算机网就是广域网，它将分布在全国各地的高校、教育部门的局域网和城域网通过数据专线连接在一起。

广域网的通信子网主要使用分组交换技术，可以利用公用分组交换网、卫星通信网和无线分组交换网连接各局域网和城域网。

## 1.3.2 按网络拓扑结构分类

计算机网络是非常复杂的，但可以将其抽象为一些标准的网络拓扑结构，将复杂的问题简单化。如果将网络中的计算机、网络设备等抽象为"节点"，把网络中的通信介质抽象为"线"，这样从拓扑学的观点看计算机网络，就形成了节点和线组成的几何图形，从而抽象出了网络系统的具体结构，它被称为网络的拓扑结构。

按照网络的拓扑结构，可将计算机网络划分成总线型结构、星型结构、环型结构、树型结构和网状型结构的网络。

（1）总线型结构网络

总线型结构的网络是用一条公共线即总线作为传输介质，所有的节点都连接在总线上，如图 1-5 所示。总线型网络结构简单、便于扩充，但在高流量时，总线会成为网络的瓶颈，总线的任何故障会造成网络的瘫痪。

（2）星型结构网络

星型结构的网络是以一个中心节点和若干个外围节点相连接的网络，如图 1-6 所示。中心节点控制全网的通信，任何两节点间的通信必须通过中心节点。星型结构控制简单，易于扩充，但对中央节点的依赖性大，中央节点出现故障将导致整个网络瘫痪。

（3）环型结构网络

环型结构的网络是所有的节点都在闭合的环路上，数据信息在环中沿着一个方向在各节点间传输，如图 1-7 所示。由于信号单向传递，简化了信号传输的路径，使其在高负载时，还可维持较高的传输速率。

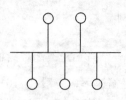 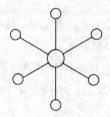 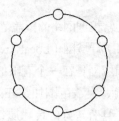

图 1-5　总线型结构网络　　　　图 1-6　星型结构网络　　　　图 1-7　环型结构网络

（4）树型结构网络

树型结构的网络采用分层结构，具有一个节点和多层分支节点，如图 1-8 所示。在树型结构的网络中，任意两个节点之间不产生回路，每个链路都支持双向传输，节点扩充方便灵活，查询链路路径比较方便。但是任何一个节点及其链路发生故障（除叶节点）都可能会影响网络系统的正常运行。

（5）网状型结构网络

网状型结构的网络是一种无规则的连接方式，其中的每个节点均可能与任何节点相连，如图 1-9 所示。其优点是节点间路径多，碰撞和阻塞可大大减少，局部的故障不会影响整个网络的正常工作，可靠性高，网络扩充和主机入网比较灵活、简单。缺点是网络机制复杂，建网不易。

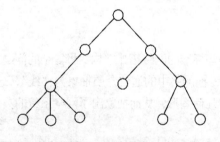 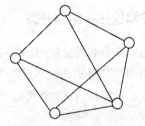

图 1-8　树型结构网络　　　　　　　　图 1-9　网状型结构网络

## 1.3.3　按通信方式分类

根据通信传播方式可以将网络划分为点对点传播方式和广播式传播方式。

（1）点对点传播方式

采用点对点的连接方式，这种方式没有信道竞争，几乎不存在信道访问控制问题。这种通信方式的主要拓扑结构有：星型结构、环型结构、树型结构和网状型结构。

（2）广播式传播方式

使用一个共同的传播介质把各个计算机连接起来，所有主机共享一条信道，某主机发出的数据，所有其他主机都能收到。在广播信道中，由于信道共享而容易引起信道访问冲突，因此信道访问控制是首先必须解决的问题。这种通信方式主要有总线型网和以微波、卫星方式传播的广播型网。

### 1.3.4 按传输介质分类

根据网络的传输介质可将网络分为有线网和无线网。

（1）有线网

采用同轴电缆、双绞线和光纤等物理介质传输数据的网络。

（2）无线网

采用微波、激光和卫星等无线形式来传输数据的网络。

### 1.3.5 按服务性质分类

根据网络的服务性质，可以将其分为公用网和专用网。

（1）公用网

指由电信部门或其他提供通信服务的经营部门组建、管理和控制的大型网络，是向全社会提供服务的网络。因此公用网也可称为公众网。

（2）专用网

由某个单位或部门为本单位的工作需要而建造的网络。这种网络不向本单位以外的人提供服务。由于投资的因素，专用网通常为局域网或者是通过租用电信部门的线路而组建的广域网，如由学校组建的校园网，由军队、铁路、电力等系统组建的专用网等。

# 习　题

**一、填空题**

1. 计算机网络的主要功能有_____、_____、_____、_____。

2. 计算机网络中的资源共享包括_____、_____和_____。

3. 计算机网络的发展过程大致可分为 4 个阶段，这 4 个阶段是_____、_____、_____和_____。

4. 计算机网络的拓扑结构主要有_____、_____、_____和_____。

5. 计算机网络的硬件主要包括_____、_____、_____。

6. 计算机从逻辑功能上分为两部分，这两部分是负责数据传输的_____和数据处理的_____。

7. Internet 时代经历了三个阶段，分别是：_____、_____、_____。

8. Web 1.0 的本质是_____，Web 2.0 的本质是_____。

9. 移动互联网包含_____、_____和_____三个层面。

10. Web 2.0 具有代表性的业务包括：_____、RSS（简易信息聚合）和_____。

11. 随着_____和_____的飞速发展，人们迫切希望能够随时随地乃至在移动过程中都能方便地从互联网获取信息和服务，这一需求促使了从传统互联网向移动互联网的转变。

**二、判断题**

1. 在一个办公室内组建的网络是局域网，在一幢大楼内将各个办公室内的计算机连接起来组成的网络是广域网。                                               （     ）

2. 现代意义上的计算机网络是从 1969 年美国国防部高级研究计划局建成的 ARPANET 试验网开始的。（     ）

3. 广域网和局域网是按照信息交换方式来划分的。（     ）

4. TCP/IP 协议与体系结构已成为业内公认的标准。（     ）

5. Internet 是将无数个微型计算机通过路由器互联的大型网络。（     ）

6. OSI 参考模型是计算机网络互联标准，但在 Internet 中未使用该标准。（     ）

7. 移动互联网具有移动端随身的特性，受到节假日等季节因素影响大。（     ）

8. Web 2.0 的本质就是互动。（     ）

9. 传统互联网是指基于个人计算机（PC）端的一种上网方式。（     ）

10. Web 1.0 的盈利都基于一个共通点，即巨大的点击流量。（     ）

11. Web 2.0 采用的是技术创新主导模式，信息技术的变革和使用对于网站的新生与发展起到了关键性的作用。（     ）

12. 在 Web 1.0 时代，Google 公司推出了大受欢迎的搜索服务。（     ）

13. Web 2.0 的本质就是互动，它让网民更多地参与信息产品的创造、传播和分享。它充分体现出网民劳动的价值。（     ）

14. 万维网是环球信息网（World Wide Web，WWW）的缩写，它可以让 Web 客户端（浏览器）访问浏览 Web 服务器上的页面。（     ）

### 三、单项选择题

1. 计算机网络最主要的目标是（     ）。

    A. 提高运算速度                    B. 将多台计算机连接起来

    C. 提高计算机可靠性              D. 共享软件、硬件和数据资源

2. 计算机网络是综合技术的合成，其主要技术是（     ）。

    A. 计算机技术与多媒体技术        B. 电子技术与通信技术

    C. 计算机技术与通信技术         D. 数字技术与模拟技术

3. 计算机网络按覆盖范围划分为（     ）。

    A. 校园网、企业网                B. 局域网、城域网和广域网

    C. 专用网、公用网                 D. 低速网、中速网和高速网

4. 区分局域网（LAN）和广域网（WAN）的依据是（     ）。

    A. 网络用户       B. 传输协议       C. 联网设备       D. 联网范围

5. 学校的校园网络属于（     ）。

    A. 局域网        B. 广域网        C. 城域网       D. 电话网

6. 最早出现的计算机互联网络是（     ）。

    A. NSFNET       B. MILNET       C. ARPANET       D. Internet

7. 关于 Internet，下列说法不正确的是（     ）。

    A. Internet 起源于美国           B. Internet 不存在网络安全问题

    C. Internet 是一个国际性的网络      D. 通过 Internet 可以实现资源共享

8. Internet 最初创建的目的是用于（     ）。

A. 娱乐　　　　　B. 教育　　　　　C. 商业　　　　　D. 军事

9. 在以下选项中，不属于网络操作系统范畴的是（　　）。

A. UNIX　　　　　B. Linux　　　　　C. DOS　　　　　D. Windows　Server 2003

10. 网络操作系统是一种（　　）。

A. 系统软件　　　　B. 系统硬件　　　　C. 应用软件　　　　D. 支援软件

11. 局域网的英文缩写是（　　）。

A. WAN　　　　　B. MAN　　　　　C. LAN　　　　　D. ATM

12. 与 Internet 相连的计算机，无论是大型机还是小型机都称为（　　）。

A. 工作站　　　　B. 主机　　　　C. 服务器　　　　D. 客户机

13. 在如下网络拓扑结构中，具有一定集中控制功能的网络是（　　）。

A. 总线型网络　　　B. 环型网络　　　C. 星型网络　　　D. 网状型网络

**四、简答题**

1. 简述传统互联网与移动互联网的区别与联系。
2. 简述 Web 2.0 模式下的互联网应用具有的特点。
3. 什么是移动互联网？它包含哪三个层面内容？
4. 简述互联网时代经历的三个发展阶段的相互关系。
5. 简述计算机网络的定义和功能。
6. 简述几种常见的计算机网络分类方式。
7. 组成计算机网络系统的硬件系统包括哪些部件？
8. 简述计算机网络应该具备的五个基本特征。

# 02

# 第2章 数据通信基本知识

## 2.1 数据通信系统

### 2.1.1 数据通信系统的构成

数据通信是建立计算机网络系统的基础之一，是通信技术和计算机技术相结合而产生的一种通信方式。通信系统传输手段很多，概括起来包括：电缆通信、微波中继通信、光纤通信、卫星通信和移动通信等。要在两地间传输信息必须有传输信道，根据传输媒体的不同，有有线数据通信与无线数据通信之分，但它们都是通过传输信道将数据终端与计算机连接起来，而使不同地点的数据终端实现软硬件和信息资源的共享。

关于数据通信，通常会遇到如下一些术语。

- 信息：事物（包括物质、能量等）属性标识的集合。
- 数据：信息的表示方法，是传输信息的实体，可分为模拟数据和数字数据。
- 信号：数据在传输过程中的表现形式（电气或电磁表现）。信号可分为模拟信号和数字信号。模拟信号是随时间连续变化的电流、电压或电磁波；数字信号则是一系列离散的电脉冲或光脉冲。
- 码元：在使用时间域的波形表示数字信号时，代表不同离散数值的基本波形。
- 信源：通信过程中产生和发送信息的设备或计算机。
- 信宿：通信过程中接收和处理信息的设备或计算机。
- 信道：信源和信宿之间的通信线路，也称为链路。目前数据通信中所使用的信道分为有线信道和无线信道。

数据通信系统是指将分布在远地的数据终端设备通过介质连接起来，实现数据传输、交换、存储和处理的系统。下面通过一个最简单的例子来说明数据通信系统模型。在这个例子中两台计算机经过普通电话机的连线，再经过公用电话网（Public Switched Telephone Network，PSTN）进行通信，如图2-1所示。比较典型的数据通信系统主要由源系统（或发送端）、传输系统（或传输网络）以及目的系统（或接收端）三部分组成。

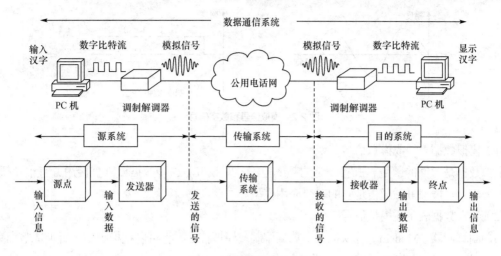

图 2-1 数据通信系统的构成

（1）源系统

源系统一般包括以下两个部分。

- 源点：源点设备产生要传输的数据，例如正文输入到计算机，输出为数字比特流。
- 发送器：通常源点生成的数据要通过发送器编码后才能够在传输系统中进行传输。例如调制解调器将计算机输出的数字比特流转换成能够在用户的电话线上传输的模拟信号。

（2）目的系统

目的系统一般包括以下两个部分。

- 接收器：接收传输系统传送过来的信号，并将其转换为能够被目的设备处理的信息。例如调制解调器接收来自传输线路上的模拟信号，并将其转换成数字比特流。
- 终点：终点设备从接收器获取传送来的信息。

（3）传输系统

在源系统和目的系统之间的传输系统可以是简单的传输线，也可以是连接在源系统和目的系统之间的复杂网络系统。

## 2.1.2 模拟数据和数字数据

数据通信按照技术手段发展的先后大体可以分为模拟通信和数字通信两大类。一般将传输的数据分为模拟数据和数字数据两大类。模拟通信在通信技术发展的早期占有很大比重，例如语音广播、电话和电视，通信设备发送、传输的都是模拟信号。现代通信是模拟通信和数字通信的结合体，通常模拟通信和数字通信同时存在于一个通信系统中，但数字通信所占的比重越来越大。

模拟数据（Analog Data）是由传感器采集得到的连续变化的值，例如温度、压力以及目前在电话、无线电和电视广播中的声音和图像。数字数据（Digital Data）则是模拟数据经量化后得到的离散的值，例如在计算机中用二进制代码表示的字符、图形、音频与视频数据。

模拟数据和数字数据都可以用模拟信号或数字信号来表示，模拟信号和数字信号可通过参量（幅度）来表示（见图 2-2）。无论信源产生的是模拟数据还是数字数据，在传输过程中都可以用适合于信道传输的某种信号形式来传输。具体可以概括为以下几点。

图 2-2　模拟信号和数字信号

（1）模拟数据表示成模拟信号

模拟数据是时间的函数，占有一定的频率范围，即频带。这种数据可以直接用占有相同频带的电信号来表示。模拟电话通信是它的一个应用模型。

（2）数字数据表示成模拟信号

如调制解调器（Modem）可以把数字数据调制成模拟信号，也可以把模拟信号解调成数字数据。用 Modem 拨号上网是它的一个应用模型。

（3）模拟数据表示成数字信号

对于声音数据来说，完成模拟信号和数字信号转换功能的设施是编码解码器 CODEC。它将直接表示声音数据的模拟信号编码转换成二进制流近似表示的数字信号；而在线路另一端的 CODEC，则将二进制流码恢复成原来的模拟数据。数字电话通信是它的一个应用模型。

（4）数字数据表示成数字信号

为了改善其传播特性，一般先要对数字数据进行编码。数字数据专线网 DDN 通信是它的一个应用模型。

模拟信号和数字信号都可以在合适的传输媒体上进行传输（见图 2-3）。模拟信号无论表示模拟数据还是数字数据，在传输一定距离后都会衰减。克服的办法是用放大器来增强信号的能量，但噪声分量也会增强，以至引起信号畸变。数字信号长距离传输也会衰减，克服的办法是使用中继器，把数字信号恢复为"0、1"的标准电平后继续传输。

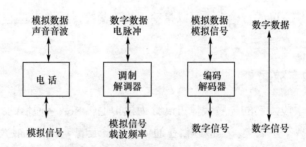

图 2-3　模拟信号和数字信号的传输

### 2.1.3　数据通信中的主要技术指标

#### 1. 传输速率

传输速率通常包括数据传输速率和信号传输速率。数据传输速率（也称为数据率、比特率）是指每秒传输二进制信息的位数，是对信息传输速率的度量，单位为位/秒，记作 bit/s。信号传输速率（也称码元速率、调制速率或波特率）是调制速率，是指单位时间内通过信道传输的码元数，即单位时间内信号状态的变化次数，单位为波特，记作 Baud。

**2. 频带宽度**

信号所拥有的频率范围叫作信号的频带宽度，简称带宽。信号的大部分能量往往包含在频率较窄的一段频带中，这就是有效带宽。数据信号传输速率越高，其有效带宽越宽；另一方面，传输系统的带宽越宽，该系统能传送的数据传输速率就越高。

**3. 信道容量**

信道容量表示一个信道的最大数据传输速率，即单位时间内可传送的最大比特数。信道容量的单位为 bit/s。单位时间内传输的信息量越大，信道的传输能力就越强，信道容量越大。提高信道传输能力的方法之一，就是提高信道的带宽。信道容量与数据传输速率的区别是，前者表示信道的最大数据传输速率，是信道传输数据能力的极限，而后者是实际的数据传输速率。类似于公路上的最大限速与汽车实际速度的关系一样。

**4. 误码率**

误码率是指码元在系统中传送时被传错的概率。它是衡量数据通信系统在正常工作情况下的传输可靠性的指标。在计算机网络中，一般要求误码率低于 $10^{-6}$，若误码率达不到这个指标，可通过差错控制方法检错和纠错。

# 2.2　数据的编码技术

在实际应用中，根据传输系统和设备的不同，模拟数据与数字数据之间存在着相互转换的问题（见图 2-3），数据的编码技术用于实现模拟数据和数字数据之间的转换。

## 2.2.1　模拟数据转换成数字信号

在数字化的电话交换和传输系统中，通常需要将模拟的话音数据编码成数字信号后再进行传输，这一过程最常用、最简单的编码方式是脉冲编码调制（Pulse Code Modulation，PCM）。PCM 是一种直接简单地把语音经抽样、A/D 转换得到的数字均匀量化后进行编码的方法，是其他编码算法的基础。基于采样定理：如果在规定的时间间隔内，以模拟信号最高频率的两倍或两倍以上的速率对该信号进行采样，则采样值包含了无混叠而又便于分离的全部原始信号信息。利用低通滤波器可以不失真地从这些采样值中重新构造出该模拟信号。

如图 2-4 所示，PCM 编码过程可包括采样、量化和编码三个步骤。

（1）采样：就是对模拟信号进行周期性扫描，把时间上连续的信号变成时间上离散的信号。该模拟信号经过抽样后还应当包含原信号中所有信息，也就是说能无失真地恢复原模拟信号。它的抽样速率的下限是由抽样定理确定的。根据原信号的频宽，可以估算出采样的速度。例如声音数据限于 4000Hz 以下的频率范围，那么每秒钟 8000 次的采样可以满足完整地表示声音信号的特征。

（2）量化：就是把经过抽样得到的瞬时值将其幅度离散，即用一组规定的电平，把瞬时抽样值用最接近的电平值来表示。一个模拟信号经过抽样量化后，得到已量化的脉冲幅度调制信号，它仅为有限个数值。如果使用七位二进制表示采样值的话，就允许有 128 个量化级。

（3）编码：把量化后的样本值变成相应的二进制代码. 按照图 2-4（b）的编码方案，可以得到相应的二进制代码序列，其中每个二进制代码都可用一个脉冲串（4 位）来表示。这 4 位一组的脉冲序列就代表了经 PCM 编码的原模拟信号。

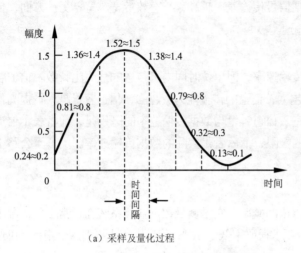

| 量化级别 | 对应二进制数 |
| --- | --- |
| 0 | 0000 |
| 1 | 0001 |
| 2 | 0010 |
| 3 | 0011 |
| 4 | 0100 |
| 5 | 0101 |
| 6 | 0110 |
| 7 | 0111 |
| 8 | 1000 |
| 9 | 1001 |
| 10 | 1010 |
| 11 | 1011 |
| 12 | 1100 |
| 13 | 1101 |
| 14 | 1110 |
| 15 | 1111 |

（a）采样及量化过程　　　　　　（b）编码过程

图 2-4　脉冲编码调制 PCM 编码过程图例

PCM 编码方式简单，易于实现，但编码效率低，在实际使用过程中还有多种编码方式，如霍夫曼（Huffman）编码等。

## 2.2.2　数字数据转换成模拟信号

模拟信号传输的基础是载波，它是频率恒定的连续信号。用于计算机通信的远距离线路通常为模拟传输线路，要用基带脉冲对载波进行调制，即把数字数据对应的原始电脉冲信号变换成适合于远距离传输线路传输的模拟信号，这一过程也称为数字数据的调制。

由于模拟信号是具有一定频率的连续的载波波形，可以用 $C(t)=A\cos(\omega_c t+Y)$ 表示，它由三个参量决定：振幅 $A$、角频率 $\omega_c$ 及初相位 $Y$。根据调制信号控制的载波信号参量的不同，有三种基本的调制方式。一般通过以下几种不同载波特性的调制方法对数字数据进行编码：振幅、频率、相位，或者这些特性的某种组合。图 2-5 给出了对数字数据的模拟信号进行调制的三种基本形式，其中调相还可以进一步分为绝对调相和相对调相（或差分调相）两类。

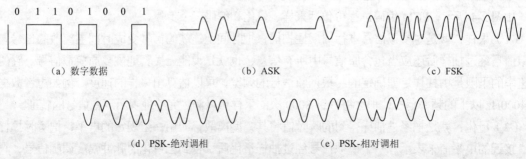

（a）数字数据　　　　　（b）ASK　　　　　（c）FSK

（d）PSK-绝对调相　　　　　（e）PSK-相对调相

图 2-5　数字数据转换成模拟信号基本调制方式图例

（1）幅移键控（Amplitude-Shift Keying，ASK）

ASK 是用固定频率的正弦信号的两种不同幅度来表示二进制数的"1"和"0"。如图 2-5（b）所示。通常对"1"信号，调制器送出一个幅度恒定的固定频率的模拟信号；而对于"0"，输出幅度为 0 的信号，ASK 的特点：实现容易，设备简单，但抗干扰能力差。

（2）频移键控（Frequency-Shift Keying，FSK）

FSK 是用载波信号的两种不同的频率来表示二进制数的"1"和"0"。如图 2-5（c）所示。一般用载波频率附近的两个不同频率表示两个二进制的值。在有些情况下，用振幅恒定载波的存在与否来表示两个二进制字。FSK 的特点：实现简单，抗干扰能力优于调幅方式，广泛应用于高频的无线电传输，甚至也能用于较高频率的局域网络。

（3）相移键控（Phase Shift Keying，PSK）

PSK 是用载波信号的不同相位来表示二进制数，见图 2-5（d）和（e）。根据确定相位参考点的不同，调相方式可分为绝对调相和相对调相。绝对调相是以未调载波信号的相位作为参考点，如已调载波信号的相位与参考点一致则为二进制数"1"，如相位差 180° 则为"0"；相对调相是以前一位数据的已调载波信号的相位为参考点，如与前一位的相位一致则为二进制数"1"，如相差 180° 则为"0"。上述各种技术也可以组合起来使用。

ASK、FSK 和 PSK 都是最基本的调制技术，容易实现，技术简单，但是抗干扰能力差，调制速度不高。为了提高数据传输速率，还可以采用多相调制方法。

## 2.2.3 数字数据转换成数字信号

如图 2-6 所示，基带传输中采用的数字数据的编码方式常用的有以下三种。

（1）非归零编码

如图 2-6（b）所示，非归零编码规定用负电平表示"0"，用正电平表示"1"，亦可有其他表示方法。如果接收端无法确定每个比特从什么时候开始，什么时候结束，则还是不能从高低电平的矩形波中读出正确的比特串。

（2）曼彻斯特编码

曼彻斯特编码自带同步信号，如图 2-6（d）所示。在曼彻斯特编码中每个比特持续时间分为两半。在发送比特"0"时，前一半时间为高电平，后一半时间为低电平；在发送比特"1"时则相反。或者也可在发送比特"0"时，前一半时间电平为低，后一半时间电平为高；在发送比特"1"时则相反。

（3）差分曼彻斯特编码

差分曼彻斯特编码是对曼彻斯特编码的改进。其不同之处主要是：每比特的中间跳变仅做同步用；每比特的值根据其开始边界是否发生跳变决定，每比特开始出现电平跳变表示二进制"0"，不发生跳变表示二进制"1"，如图 2-6（e）所示。

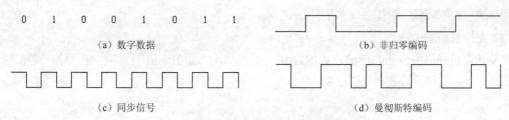

图 2-6 数字数据转换成数字信号编码波形图例

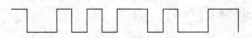

（e）差分曼彻斯特编码

图 2-6　数字数据转换成数字信号编码波形图例（续）

### 2.2.4　模拟数据转换成模拟信号

模拟数据转换成模拟信号称为模拟数据的调制。调制就是把基带信号变换成传输信号，这也是一种数据编码技术。在模拟数据的数据通信系统中，信源的信息经过转换形成电信号。例如，人说话的声音经过电话转变为模拟的电信号，这也是模拟数据的基带信号。

一般来说，模拟数据的基带信号由于频率较低而不适合直接在信道中传输，在信号发射端需要对信号进行调制，将信号搬移到适合信道传输的频率范围内。在接收端将已经调制的信号再搬移回原来信号的频率范围内，恢复成原来的数据。模拟数据的基本调制技术主要包括调幅 AM、调频 FM 和调相 PM。

## 2.3　数据传输方式

### 2.3.1　并行传输和串行传输

字符编码在信源/信宿之间的传输分为并行传输和串行传输两种方式，并行传输或者串行传输是指字符的各个二进制位是同时或是分时传输。

如图 2-7（a）所示，并行通信传输中有多个数据位同时在两个设备之间传输。发送设备将这些数据位通过对应的数据线传送给接收设备，还可附加一位数据校验位。接收设备可同时接收到这些数据，不需要做任何变换就可直接使用。并行传输方式主要用于近距离通信。计算机内的总线结构就是并行通信的一个应用。并行传输的特点如下。

（1）传输速度快。一个时间单位内可传输一个字符。

（2）通信成本高。每位传输要求一个单独的信道支持。因此如果一个字符包含 8 个二进制位，则并行传输要求 8 个独立的信道的支持。

（3）不支持长距离传输。由于信道之间的电容感应，长距离传输时，可靠性较低。

如图 2-7（b）所示，串行数据传输时，数据是一位一位地在通信线上传输的。串行数据传输的速度要比并行传输慢得多，但对于覆盖面极广的公用电话系统来说具有更大的现实意义。其特点如下。

（1）传输速度较低，一次一位。

（2）通信成本较低，只需一个信道。

（3）支持长距离传输。

目前计算机网络中所用的传输方式均为串行传输。串行通信的方向性结构有三种，即单工、半双工和全双工三种传输方式（见图 2-8）。

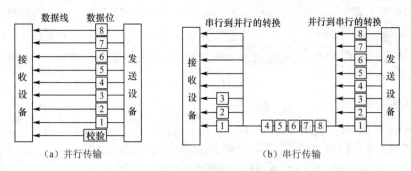

图 2-7　并行传输和串行传输

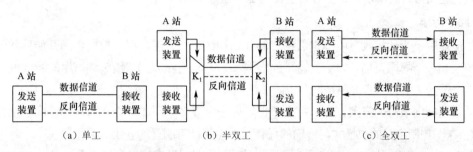

图 2-8　单工、半双工和全双工三种传输方式

单工数据传输是指两个数据站之间只能沿一个指定的方向进行数据传输。在图 2-8（a）中，数据由 A 站传到 B 站，而 B 站至 A 站只传送联络信号。前者称正向信道，后者称反向信道。一般正向信道传输速率较高，反向信道传输速率较低，其速率不超过 75bit/s。因为在这种数据收集系统中，大量数据只需要从一端到另一端，另外需要少量联络信号通过反向信道传输。

如图 2-8（b）所示，半双工数据传输是两个数据之间可以在两个方向上分时进行数据传输。该方式要求 A 站、B 站两端都有发送装置和接收装置。若想改变信息的传输方向，需要由开关 $K_1$ 和 $K_2$ 进行切换。问询、检索和科学计算等数据通信系统运用半双工数据传输。

如图 2-8（c）所示，全双工数据传输是在两个数据站之间，可以两个方向同时进行数据传输。全双工通信效率高，但组成系统的造价高，适用于计算机之间高速数据通信系统。

通常四线线路实现全双工数据传输，二线线路实现单工或半双工数据传输。在采用频分法、时间压缩法、回波抵消技术时，二线线路也可实现全双工数据传输。

从原理来看，并行传输方式其实优于串行传输方式。通俗地讲，并行传输的通路犹如一条多车道的宽阔大道，而串行传输则是仅能允许一辆汽车通过的乡间公路。以标准并行口（Standard Parallel Port）和串行口（俗称 COM 口）为例，并行口有 8 根数据线，数据传输速度高；而串行口只有 1 根数据线，数据传输速度低。在串行口传送 1 位的时间内，并行口可以传送一个字节。当并行口完成单词"advanced"的传送任务时，串行口中仅传送了这个单词的首字母"a"。但是从技术发展的情况来看，串行传输方式大有彻底取代并行传输方式的势头。目前串行传输有两种传输方式：同步传输和异步传输。

## 2.3.2　同步传输和异步传输

通信过程中收发双方必须在时间上保持同步。一方面码元之间要保持同步，另一方面由码元组成的字符或数据块之间在起止时间上也要保持同步。实现字符或数据块之间在起止时间上同步的常用方法有异步传输和同步传输两种。同步传输方式中发送方和接收方的时钟是统一的，字符与字符间的传输是同步无间隔的。异步传输方式并不要求发送方和接收方的时钟完全一样，字符与字符间的传输是异步的。

### 1. 异步传输

异步传输时，一次只传输一个字符。每个字符用 1 位起始位引导、1~2 位停止位结束。起始位为"0"，占一位时间；停止位为"1"，占 1~2 位的持续时间。在没有数据发送时，发送方可发送连续的停止位（空闲位）。接收方根据"1"至"0"的跳变来判别一个新字符的开始，然后接收字符中的所有位。这种通信方式简单便宜，但每个字符有 2~3 位的额外开销。

### 2. 同步传输

同步传输时，为使接收方能判定数据块的开始和结束，还需在每个数据块的开始处和结束处各加一个帧头和一个帧尾，加有帧头、帧尾的数据称为一帧（Frame）。帧头和帧尾的特性取决于数据块是面向字符的（字符同步）还是面向位的（位同步）。

如果采用面向字符的方案，那么每个数据块以一个或多个同步字符作为开始。同步字符通常称为 SYN，这一控制字符的位模式与传输的任何数据字符都有明显的差别。帧尾是另一个唯一的控制字符。这样接收方判别到 SYN 字符后就可接收数据块，直到发现帧尾字符为止。例如 IBM 公司的二进同步规程 MC 就是这样一种面向字符的同步传输方案。面向位的方案是把数据块作为位流而不是作为字符流来处理。除了帧头和帧尾的原理有一点差别外，其余基本相同。在国际标准化组织 ISO 所规定的高级数据链路控制规程 HDLC 和 IBM 公司所规定的同步数据链路控制规程 SDLC 中都采用这种技术。

概括起来，同步传输与异步传输的区别如下。

（1）异步传输是面向字符的传输，而同步传输是面向比特的传输。

（2）异步传输的单位是字符，而同步传输的单位是帧。

（3）异步传输通过字符起止的开始、停止码来获得再同步的机会，而同步传输则是将时钟同步信号植入数据帧中，以实现接收器与发送器的时钟同步。

（4）异步传输对时序的要求较低，同步传输往往通过特定的时钟线路协调时序。

（5）异步传输相对于同步传输效率较低。

## 2.3.3 多路复用传输

为了提高信道的利用率，在数据的传输中组合多个低速的数据终端共同使用一条高速的信道，这种方法称为多路复用，如图 2-9 所示。常用的复用技术有频分复用（Frequency Division Multiplexing，FDM）和时分复用（Time Division Multiplexing，TDM），此外还有波分多路复用（Wavelength Division Multiplexing，WDM）和码分多路复用（Code Division Multiple Access，CDMA）。FDM 只在地区用户线上用到，长途干线上采用 TDM。

### 1. 频分复用

频分复用是将物理信道上的总带宽分成若干个独立的信道（即子信道），分别分配给用户传输数据信息，各子信道间还略留一个宽度（称为保护带），如图 2-10 所示。在频分复用中，如果分配了子信道的用户没有数据传输，那么该子信道保持空闲状态，别的用户不能使用。频分复用适用于传输模拟信号，主要用于电话和有线电视（CATV）系统。

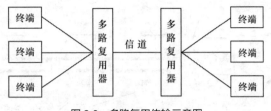

图 2-9  多路复用传输示意图

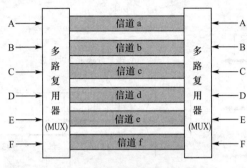

图 2-10  频分复用（FDM）

## 2. 时分复用

如图 2-11（a）所示，时分复用是将一条物理信道按时间分成若干时间片（即时隙）轮流地分配给每个用户，每个时间片由复用的一个用户占用，而不像 FDM 那样，同一时间同时发送多路信号。数据时分复用可分为同步时分复用和统计时分复用。如图 2-11（b）所示，同步时分复用是指复用器把时隙固定地分配给各个数据终端，通过时隙交织形成多路复用信号，从而把各低速数据终端信号复用成较高速率的数据信号。如图 2-11（c）所示，统计时分复用也称异步时分复用，它把时隙动态地分配给各个终端，即当终端的数据要传送时，才会分配到时隙，因此每个用户的数据传输速率可以高于平均传输速率，最高可以达到线路总的传输能力。例如，线路传输速率为 9600bit/s，4 个用户的平均速率为 2400bit/s，当用同步时分复用时，每个用户的最高速率为 2400bit/s，而在统计时分复用方式下，每个用户最高速率可达 9600bit/s。同步时分复用和统计时分复用在数据通信网中均有使用，如 DDN 网采用同步时分复用，X.25、ATM 采用统计时分复用。

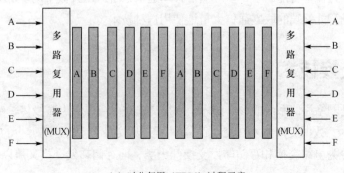

（a）时分复用（TDM）过程示意

图 2-11  时分复用（TDM）

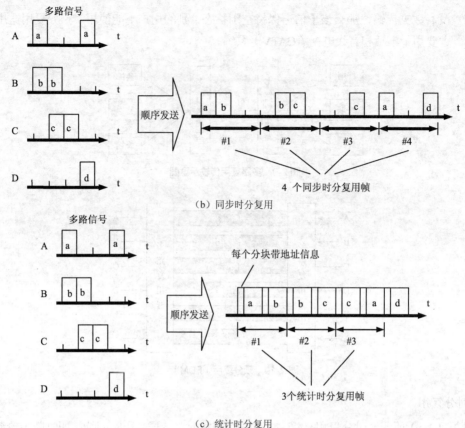

（b）同步时分复用

（c）统计时分复用

图 2-11　时分复用（TDM）（续）

### 3. 波分多路复用

波分多路复用实际上就是光的频分多路复用。波分多路复用的本质是在一条光纤中用不同颜色的光波来传输信号，而不同的色光在光纤中传输彼此互不干扰。WDM 主要用于全光纤网组成的通信系统。

### 4. 码分多路复用

码分多路复用常称为码分多址，是另一种共享信道的方法。每个用户可在同一时间使用同样的频带进行通信。但使用的是分割信道的方法，即每一个用户分配一个地址码，各个码型互不重复，因此不会造成干扰，且抗干扰能力强，多应用于移动通信系统。个人数字助理 PDA、掌上电脑 HPC 和笔记本电脑等移动智能终端的联网通信大量地使用这种技术。

## 2.4　数据交换技术

数据交换技术是网络通信系统的核心技术。采用交换技术可以大大减少传输线路或者信道数目，从而降低了线路成本。数据交换技术在交换通信网中实现数据传输是必不可少的。数据通过通信子网的交换方式可以分为电路交换和存储转发交换两大类，而存储转发交换又可以分为报文交换和分组交换。

## 2.4.1　电路交换

电路交换在数据传输之前必须先设置一条完全的通路（在计算机网络的发送方和接收器之间建立临时或持久连接），如图 2-12 所示。在线路拆除之前，该通路由一对用户完全占用。电路交换效率不高，适合于较轻和间接式负载使用租用的线路进行通信。最典型的例子是电话交换系统 PSTN。电路交换的三个过程如下（见图 2-13）。

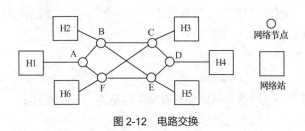

图 2-12　电路交换

### 1. 电路建立

在传输任何数据之前，要先经过呼叫过程建立一条端到端的电路。若 H1 站要与 H4 站连接，典型的做法是：H1 站先向与其相连的 A 节点提出请求，然后 A 节点在通向 D 节点的路径中找到下一条支路。比如 A 节点选择经 B 节点的电路，在此电路上分配一个未用的通道，并告诉 B 节点它还要连接 C 节点；B 再呼叫 C，建立电路 BC，C 再呼叫 D，建立电路 CD；最后，节点 D 完成到 H4 站的连接。这样 A 节点与 D 节点之间就有一条专用电路 ABCD，用于 H1 站与 H4 站之间的数据传输。

### 2. 数据传输

电路 ABCD 建立后，数据就可以从 A 发送到 B，由 B 交换到 C，再由 C 交换到 D；D 也可以经由 C 向 B 再向 A 发送数据。在整个数据传输过程中，所建立的电路必须始终保持连接状态。

### 3. 电路拆除

传输结束后，由某一方（A 或 D）发出拆除请求，然后逐节拆除到对方节点。概括起来，线路交换有如下特点。

（1）独占性：建立线路之后、释放线路之前，即使站点之间无任何数据可以传输，整个线路仍不允许其他站点共享，因此线路的利用率较低，并且容易引起接续时的拥塞。

（2）实时性好：一旦线路建立，通信双方的所有资源（包括线路资源）均用于本次通信，除了少量的传输延迟之外，不再有其他延迟，具有较好的实时性。

（3）线路交换设备简单，不提供任何缓存装置。

（4）用户数据透明传输，要求收发双方自动进行速率匹配。

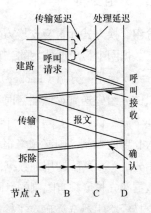

图 2-13　电话交换系统 PSTN 电路交换的过程

## 2.4.2　报文交换

报文交换中报文从源点传送到目的地采用存储转发的方式，报文需要排队。因此报文交换不适合于交互式通信，不能满足实时通信的要求。

报文交换不要求在两个通信节点之间建立专用通路。当一个节点发送信息时，它把要发送的信息组织成一个数据包（报文），在报文交换方式下，中间节点由具有存储能力的计算机承担，用户信息可以暂时保存在中间节点上。报文交换无需同时占用整个物理线路。如果一个站点希望发送一个报文，它将目的地地址附加在报文上，然后将整个报文传递给中间节点；中间节点暂存报文，根据地址确定输出端口和线路，排队等待线路空闲时再转发给下一节点，根据相同的方式，完整的报文在网络中一站一站地传送。经过多次的存储转发，最后到达目标节点。因而这样的网络叫存储—转发网络，如图 2-14 所示。

图 2-14 报文交换

报文交换的特点如下：

- 存储与转发；
- 不独占线路，多个用户的数据可以通过存储和排队共享一条线路；
- 无线路建立的过程，提高了线路的利用率；
- 可以支持多点传输（一个报文传输给多个用户，在报文中增加"地址字段"，中间节点根据地址字段进行复制和转发）；
- 中间节点可进行数据格式的转换，方便接收站点的收取；
- 增加了差错检测功能，避免出错数据的无谓传输等。

报文交换的不足之处如下：

- 由于存储转发和排队，增加了数据传输的延迟；
- 报文长度未做规定，报文只能暂存在磁盘上，磁盘读取占用了额外的时间；
- 任何报文都必须排队等待：不同长度的报文要求不同长度的处理和传输时间，即使非常短小的报文（例如：交互式通信中的会话信息）；
- 报文交换难以支持实时通信和交互式通信的要求。

### 2.4.3　分组交换

分组交换方式和报文交换方式类似，但报文被分成分组传送，并规定了最大长度。分组交换技术是在数据网中最广泛使用的一种交换技术，适用于交换中等或大量数据的情况。

分组交换是以分组（Packet）为单位进行传输和交换的，它是一种存储转发交换方式，即将到达交换机的分组先送到存储器暂时存储和处理，等到相应的输出电路有空闲时再送出。分组交换与报文交换十分相似，主要差别在于在分组交换网中，要限制所传输数据单元的长度。如果报文长度超过最大长度的限制，则必须将报文分成若干较小的数据单元方可发送，每次只能发送一个单元。分组是由分组头和其后的用户数据部分组成的。分组头包含接收地址和控制信息，其长度为 3~10 字节，用户数据部分长度是有限制的。同一分组网内分组长度是固定的，而不同分组网分组长度可以不同。分组交换经路由器选择确定了输出端口和下一个节点后，必须使用交换技术将分组从输入端口传送到输出端口，实现输送比特通过网络节点。分组交换有两种方式：数据报方式和虚电路方式。

#### 1. 数据报方式

在数据报方式中，每个分组按一定格式附加源与目的地址、分组编号、分组起始、结束标志和差错校验等信息，以分组形式在网络中传输。网络只是尽力地将分组交付给目的主机，但不保证所传送的分组不丢失，也不保证分组能够按发送的顺序到达接收端。所以网络提供的服务是不可靠的，也不保证服务质量。如图 2-15 (a) 所示，主机 H1 向 H5 发送的分组，有的经过节点 A→B→E，有的经过节点 A→C→E 或 A→B→C→E；主机 H2 向 H6 发送的分组，有的经过节点 B→D→E，有的经过节点 B→E。数据报方式一般适用于较短的单个分组的报文。其优点是传输延时小，当某节点发生故障时不会影响后续分组的传输。缺点是每个分组附加的控制信息多，增加了传输信息的长度和处理时间，增大了额外开销。

### 2. 虚电路方式

在虚电路方式中，它与数据报方式的区别主要是在信息交换之前，需要在发送端和接收端之间先建立一个逻辑连接，然后才开始传送分组。所有分组沿相同的路径进行交换转发，通信结束后再拆除该逻辑连接。网络保证所传送的分组按发送的顺序到达接收端，所以网络提供的服务是可靠的，也保证服务质量。如图 2-15 (b) 所示，主机 H1 向 H5 发送的所有分组都经过相同的节点 A→B→E，主机 H2 向 H6 发送的所有分组也都经过相同的节点 B→E。这种方式对信息传输频率高、每次传输量小的用户不太适用，但由于每个分组头只需标出虚电路标识符和序号，所以分组头开销小，适用长报文传送。

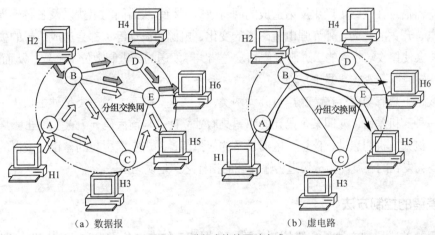

（a）数据报　　　　　　　　　　　　　　（b）虚电路

图 2-15　分组交换的两种方式

分组交换网与电路交换网相比有许多优点。

• 线路利用率更高：节点到节点的单个链路可以由很多分组动态共享。分组被排队，并被尽可能快速地在链路上传输。

• 一个分组交换网可以实行数据率的转换：两个不同数据率的站之间能够交换分组，因为每一个站以它的自己的数据率连接到这个节点上。

• 排队制：当电路交换网上负载很大时，一些呼叫就被阻塞了。在分组交换网上，分组仍然被接受，只是其交付时延会增加。

• 支持优先级：在使用优先级时，如果一个节点有大量的分组在排队等待传送，它可以先传送高优先级的分组。因此这些分组将比低优先级的分组经历更少的时延。

分组交换网与电路交换网相比也有如下一些缺点。

• 时延：一个分组通过一个分组交换网节点时会产生时延，而电路交换则不存在这种时延。

• 时延抖动：因为一个给定的源站和目的站之间的各分组可能具有不同的长度，可以走不同的路径，也可以在沿途的交换机中经历不同的时延，所以分组的总时延就可能变化很大。这种现象被称为抖动。

- 额外开销大：要将分组通过网络传送，包括目的地址在内的额外开销信息和分组排序信息必须加在每一个分组里。这些信息降低了可用来传输用户数据的通信容量。在电路交换网中，一旦电路建立，这些开销就不再需要。另外，分组交换网是一个分布的分组交换节点的集合，在理想情况下，所有的分组交换节点应该总是了解整个网络的状态。但不幸的是，因为节点是分布的，在网络一部分状态的改变与网络其他部分得知这个改变之间总是有一个时延。此外，传递状态信息需要一定的费用，因此一个分组交换网从来不会"完全理想地"运行。

# 2.5  差错控制技术

## 2.5.1  差错的产生

信号在物理信道中传输时，线路本身电器特性造成的随机噪声、信号幅度的衰减、频率和相位的畸变、电器信号在线路上产生反射造成的回音效应、相邻线路间的串扰以及各种外界因素（如大气中的闪电、开关的跳火、外界强电流磁场的变化、电源的波动等）都会造成信号的失真。在数据通信中，将会使接收端收到的二进制数位和发送端实际发送的二进制数位不一致，从而造成由"0"变成"1"或由"1"变成"0"的差错。

通信线路上总有噪声存在。噪声可分为两类，一类是热噪声，另一类是冲击噪声。热噪声引起的差错是一种随机差错，亦即某个码元的出错具有独立性，与前后码元无关。冲击噪声是由短暂原因造成的，例如电机的启动、停止，电器设备的放弧等，冲击噪声引起的差错是成群的，其差错持续时间称为突发错的长度。衡量信道传输性能的指标之一是误码率。

## 2.5.2  差错的控制方法

最常用的差错控制方法是差错控制编码。数据信息位在向信道发送之前，先按照某种关系附加上一定的冗余位，构成一个码字后再发送，这个过程称为差错控制编码过程。接收端收到该码字后，检查信息位和附加的冗余位之间的关系，以检查传输过程中是否有差错发生，这个过程称为检验过程。

1. 差错控制编码

（1）检错码

能自动发现差错的编码，如奇偶校验码、循环冗余码（Cyclic Redundancy Code，CRC）。

（2）纠错码

不仅能发现差错而且能自动纠正差错的编码，如海明码。

2. 差错控制方法

（1）自动反馈重发控制（Automatic Repeat reQuest，ARQ）

ARQ 又称为停止等待方式。在 ARQ 中，当接收端检测到接收信息有错后，就通过反馈信道通知发送端重发源信息，直到收到正确的码字为止，从而达到纠正错误的目的。ARQ 只使用检错码，包括停止等待 ARQ 和连续 ARQ 方式，而连续 ARQ 又包括选择 ARQ 和 Go-Back-N 方式。

（2）前向差错控制（Forward Error Control，FEC）

FEC 又称为前向纠错。在 FEC 中，接收端通过所接收到的数据中的差错编码进行检测，判断数据是否出错。当 FEC 使用纠错码时，不但能发现差错，而且能确定二进制码元发生错误的位置，从而加以纠正。

## 2.6　数据传输的基本介质

在计算机网络中，数据传输介质是网络中传输数据、连接各网络站点的实体。常用的传输介质很多，概括起来可以分为有线传输介质和无线传输介质两大类。

### 2.6.1　有线传输介质

计算机网络的有线传输介质主要有双绞线、同轴电缆、光纤等。

#### 1．双绞线

双绞线是最常用的传输媒体。把两根互相绝缘的铜导线并排放在一起，然后用规则的方法绞合起来就构成了双绞线。它有非屏蔽双绞线（Unshielded Twisted Paired，UTP）和屏蔽双绞线（Shielded Twisted Paired，STP）之分（见图 2-16）。

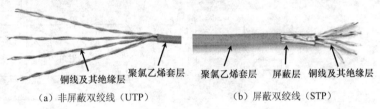

（a）非屏蔽双绞线（UTP）　　　　（b）屏蔽双绞线（STP）

图 2-16　双绞线

1991 年，美国电子工业协会 EIA 和电信工业协会 TIA 发布了一个标准 EIA/TIA-568，该标准规定了用于室内传输数据的非屏蔽双绞线和屏蔽双绞线的标准。随着局域网上数据传输速率的不断提高，EIA/TIA 在 1995 年将布线标准更新为 EIA/TIA-568-A，此标准规定了 UTP 的种类。目前经常被使用的 UTP 电缆有如下几类：1 类电缆，2 类电缆，3 类电缆 CAT3（电话线，数据传输速率可达 16Mbit/s），4 类电缆和 5 类电缆 CAT5（数据传输速率可达 100Mbit/s），超 5 类电缆（网线，数据传输速率可达 100Mbit/s 以上），以及目前的 CAT6、CAT6A、CAT7 和 CAT8（适合宽带传输的数据电缆）等。对传输数据来说，最常用的 UTP 是 5 类线及以上各类线，以后还会不断更新。

#### 2．同轴电缆

如图 2-17 所示，同轴电缆是由中心铜线、绝缘层、网状屏蔽层以及塑料封套组成的。由于外导体的屏蔽作用，同轴电缆具有很好的抗干扰性，所以被广泛应用于较高速率的数据传输中。同轴电缆按特性阻抗数值的不同，可分为两类。

- 50Ω同轴电缆：用于传输基带数字信号，所以又称基带同轴电缆，它可用到 10Mbit/s。这种电缆按直径又可分为细同轴电缆（直径为 0.5mm）、粗同轴电缆（直径为 10mm）。在传送基带数字信号时，可以采用不同的编码方法，在计算机通信中常用曼彻斯特编码和差分曼彻斯特编码。

- 75Ω同轴电缆：用于模拟传输系统，是有线电视系统 CATV 中的标准传输电缆。在这种电缆上传输的信号采用频分复用的宽带信号，所以 75Ω同轴电缆又称为宽带同轴电缆。

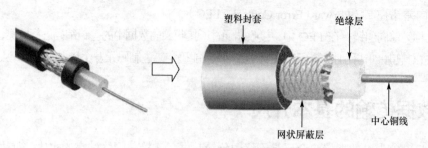

图 2-17　同轴电缆及其结构

### 3. 光纤

计算机网络也使用柔软的玻璃纤维传输数据。这种以光来传输数据的介质就是光纤（Optical Fiber），如图 2-18 所示。微细的光纤封装在塑料护套中，使它能够弯曲而不至于断裂。光纤一端的发射装置使用发光二极管（Light Emitting Diode，LED）或激光器以发送光脉冲，光纤另一端的接收器使用光敏元件检测光脉冲。

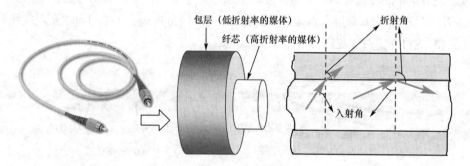

图 2-18　光纤及其结构

光纤与双绞线和同轴电缆相比有以下优点（见表 2-1）。

表 2-1　四种常见传输介质性能对比

| 介质 | 屏蔽双绞线 | 非屏蔽双绞线 | 同轴电缆 | 光纤 |
| --- | --- | --- | --- | --- |
| 传输速率 | 非常快 | 足够快 | 非常快 | 最快 |
| 费用 | 高 | 很低 | 较低 | 最高 |
| 传输距离 | 短 | 短 | 中等 | 很长 |
| 连接器尺寸 | 稍小 | 小 | 中等 | 小 |

- 因为传输的形式是光，所以光纤不会引起电磁干扰，也不会被干扰。
- 因为玻璃纤维可以被制成能反射光纤内绝大多数的光，所以光纤传输信号的距离比导线所能传输的距离要远得多。
- 与电信号相比，光可以对更多的信息进行编码，所以光纤可在单位时间内传输比导线更多的信息。
- 与电流总是需要两根导线形成回路不同，光仅需一根光纤即可从一台计算机传输数据到另一台计算机。

由于光纤具有频带宽、传输距离远、抗电磁干扰能力强等特点，特别适合用来构建高速主干（Backbone）网络，但由于技术发展快，很多点到点线路也使用光纤，其速率可达到 100Mbit/s、

1000Mbit/s。20 世纪 80 年代以来，各国都在大规模地使用光缆。随着光通信技术的飞速发展，计算机网络也得到了飞速的发展。

### 2.6.2 无线传输介质

网络中由无线传输介质构成的信道种类很多，包括微波、激光、红外线和短波 4 类。

**1. 微波**

微波通信系统可分为地面微波系统和卫星微波系统。地面微波系统由视野范围内的两个相互对准方向的抛物面天线组成，长距离通信需要多个中继站组成微波中继链路。卫星微波通信系统可以看作是悬在太空中的微波中继站。卫星上的转发器将其波束对准地球上的一定区域，在此区域中的卫星地面站之间就可以互通信息。卫星通信系统可以在一定的区域里组成广播式通信网络，适合于海上、空中、矿山和油田等经常移动的工作环境。

**2. 激光**

在激光通信系统中，空间传播的激光束可以调制成光脉冲传输数据，由于激光的频率比微波更高，所以可以获得更高的带宽。激光束的方向性比微波束更好，也不受电磁干扰的影响，不怕窃听。但是激光穿越大气时会衰减，特别是在空气污染、下雨、下雾等能见度差的情况下。另外激光束的传播距离不会很远，长距离传输要利用光纤。

**3. 红外线**

红外传输系统利用墙壁或者屋顶反射红外线，从而形成整个房间的广播系统。比如电视的遥控器就使用了红外发射器和接收器。红外传输的优点是设备相对便宜，可获得较高的带宽。缺点是传输距离有限，易受室内空气状态的影响。

**4. 短波**

短波通信技术早已应用在计算机网络中，已经建立的无线通信局域网使用了高频（30MHz~300MHz）和超高频（300MHz~3000MHz）的电视广播频段。短波通信设备比较便宜，便于移动，没有方向性，通过中继站可以传送很远的距离，但是短波通信容易受到电磁干扰和地形、地貌的影响，而且通信带宽比微波通信要小。

# 习　题

**一、填空题**

1. 脉冲编码调制 PCM 编码过程包括_____、_____和_____。

2. 最基本的调制技术包括_____、_____和_____。

3. 根据字符在信道的传输方式，字符编码在信源/信宿之间的传输分为_____和_____两种方式，目前计算机网络中所用的传输方式均为_____。

4. 串行通信中数据传输按信息传送的方向与时间可以分为_____、_____和_____三种传输方式。

5. 常用的信道复用技术有_____、_____和_____三种。

6. 交换方式可以分为_____和_____两大类，而_____又可以分为报文交换和_____。

7. 计算机网络的有线传输介质主要有_____、_____和_____三种。

8. 计算机网络中的无线传输介质包括_____、_____、_____和_____四类。

二、判断题

1. PCM 编码方式简单，易于实现，编码效率高。 （　　）

2. PCM 编码是一种最优编码方式。 （　　）

3. ASK、FSK 和 PSK 都是最基本的调制技术，容易实现，技术简单，但是抗干扰能力差，调制速度不高。 （　　）

4. 非归零编码 NRZ 可以将数字数据转换成模拟信号。 （　　）

5. 根据传输系统和设备的不同，模拟数据与数字数据之间存在着相互转换的问题，数据的编码技术用于实现模拟数据和数字数据之间的转换。 （　　）

6. 虽然并行传输比串行传输速度快，但计算机网络通信中采用串行方式传输信息。 （　　）

7. 调制解调器的作用是进行数字数据与模拟数据之间的转换。 （　　）

8. 计算机网络通信采用电路交换技术。 （　　）

9. 常用的信道复用技术有时分、频分、带分等。 （　　）

10. 计算机网络常用的传输介质有双绞线、同轴电缆、光纤、无线信道等。 （　　）

11. 信息高速公路上传送的是多媒体信息。 （　　）

12. 计算机网络中的无线传输介质包括微波、激光、红外线和短波 4 类。 （　　）

三、单项选择题

1. 数字通信和模拟通信相比，最突出的优点是（　　）。
   A. 设备复杂程度低，易于实现　　　　　　B. 占用频带窄，频带利用率高
   C. 便于实现移动通信　　　　　　　　　　D. 抗干扰能力强，通话质量高

2. 在串行传输中，所有的数据字符的比特（　　）。
   A. 在多根导线上同时传输　　　　　　　　B. 在同一根导线上同时传输
   C. 在传输介质上一次传输一位　　　　　　D. 以一组比特的形式在传输介质上传输

3. 为了提高信道的利用率，通信系统采用（　　）技术来传输多路信号。
   A. 数据调制　　　　B. 数据编码　　　　C. 信息压缩　　　　D. 多路复用

4. 多路复用器的主要功能是（　　）。
   A. 执行数/模转换　　　　　　　　　　　　B. 减少主机的通信处理负荷
   C. 汇集来自两条或者更多条线路的传输信息　D. 执行串行/并行转换

5. 半双工数据传输是指（　　）进行数据传输。
   A. 一个方向　　　　　　　　　　　　　　B. 同时在两个方向上
   C. 分时在两个方向上　　　　　　　　　　D. 随机方向上

四、简答题

1. 简述报文交换和分组交换的异同点。

2. 简述多路复用技术的特点。

3. 在数据传输中，为什么要进行差错控制？差错控制通常包含哪两种方法？

4. 简述并行传输和串行传输的特点。

5. 简述 PCM 编码的三个过程。

# 03 第3章　计算机网络体系结构

## 3.1　网络体系结构及协议

### 3.1.1　协议

一个计算机网络由多个节点互联而成。要实现节点之间的数据通信，需要每个节点都要遵守一些事先约定好的规则，如通信时采用的数据包格式、通信事件实现的次序等。这些为网络数据交换而制定的规则、约定及标准称作网络协议（Protocol）。网络协议主要由以下三个要素组成。

**1. 语法（Syntax）**

数据与控制信息的结构和格式，包括数据格式、编码及信号电平等。

**2. 语义（Semantics）**

用于协调和差错处理的控制信息，如需要发出何种控制信息、完成何种动作以及做出何种应答等。

**3. 时序（Timing）**

对有关事件实现顺序的详细说明，如速度匹配、排序等。

在上述三个要素中，语法规定通信双方"如何讲"，即确定数据格式、数据码型、信号电平等；语义规定通信双方"讲什么"，即确定协议元素的类型，如规定通信双方要发出什么控制信息、执行什么动作和返回什么应答等；时序则规定事件执行的顺序，即确定链路通信过程中通信状态的变化，如规定正确的应答关系等。

### 3.1.2　网络体系结构

协议能协调网络的运转，使之达到互通、互控和互换的目的。那么如何来制定协议呢？由于计算机网络是一个非常复杂的系统，需要解决的问题很多并且性质各不相同，这些都使得协议十分复杂，涉及面很广，因此在制定协议时就提出并采用了"分层"的思想。其核心的思路就是上一层的功能是建立在下一层的功能基础上，并且在每一层内均要遵守一定的协议。这些层次（Layer）和协议的集合称为网络的体系结构。

概括来讲，网络体系结构（Network Architecture）定义计算机设备和其他设备如何连接在一起以形成一个允许用户共享信息和资源的通信系统。体系结构应当具有足够的信息，以允许软件设计人员给每层编写实现该层协议的通信软件。需要说明一点：网络体系结构只为计算机间的通信提供了一种概念性框架，实际通信由各种通信协议支持实现。

许多计算机制造商都开发了自己的网络系统。IBM 公司在 20 世纪 60 年代后期开发了它的系统网络体系结构（System Network Architecture，SNA），并于 1974 年宣布了 SNA 及其产品；数字设备公司（DEC）也发展了自己的网络体系结构（DNA）；另外还有 Apple 计算机中的 AppleTalk 以及 Novell 公司的 NetWare 等。典型的网络体系结构主要有两个：国际标准化组织 ISO 提出 OSI 参考模型和美国国防部高级研究计划局最早提出的 TCP/IP 参考模型，而得到最广泛应用的不是法律上的国际标准 OSI，而是非国际标准的 TCP/IP。

## 3.1.3 OSI 体系结构

在 20 世纪 70 年代早期，不同的计算机厂商的产品大多互不兼容，甚至一个公司内部的不同产品线之间也互不兼容。为了解决这个问题，迫切需要制定全世界统一的网络体系结构标准。国际标准化组织 ISO 借鉴了 IBM 的 SNA 和其他计算机厂商的网络体系结构，在 1978 年提出了"异种机联网标准"的框架结构，这就是著名的开放系统互联参考模型（Open System Interconnection，OSI/RM），按照这个标准设计和建成的计算机网络系统都可以互相连接。

所谓开放系统，指的是遵循 OSI 参考模型和相关协议标准的具有各种应用目的计算机系统实现互联。如图 3-1 所示，OSI 参考模型分为 7 层，它描述了通过网络传递信息所必须完成的工作。当数据通过网络传输时，它必须通过 OSI 参考模型的每一层。数据经过每一层时都要附加上一些信息。到了接收端，这些附加的信息又被移走。第 4～7 层在端节点实现，称为上层协议；第 1～3 层称为底层协议，其功能是由计算机和网络共同执行的。OSI 参考模型仅仅是一个理论框架，用于描述网络设备或成员所必需的功能。没有哪个实际的网络产品严格地遵照该模型来实现。

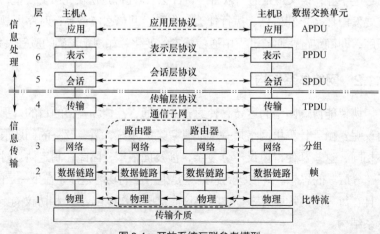

图 3-1  开放系统互联参考模型

下面从物理层开始依次简述各层的基本功能。

### 1. 物理层（Physical Layer）

物理层涉及网络连接器和这些连接器电气特性的标准化问题。它的设计要求是保证一方发出二进制"1"，另一方收到的也应是"1"而不是"0"。

### 2. 数据链路层（Data Link Layer）

数据链路层将原始的无结构的二进制位流分成一个个分立的单元，即帧（Frame），并利用协议来交换这些单元。

### 3. 网络层（Network Layer）

网络层确定报文分组从源端到目的地所经过的路由（路径），同时也处理拥塞控制、网络互联、计费和安全等问题。

### 4. 传输层（Transport Layer）

传输层为更高层提供可靠的端对端连接。它的设计原则是：减少数据差错率，提高数据传输速率、吞吐量与传输时延和能传送较大的网络协议数据单元。它是真正的信源到信宿层，即端至端（应用进程到应用进程）层。

### 5. 会话层（Session Layer）

所谓会话，就是指两个用户之间为完成一次完整的通信而建立的会话连接。应用进程之间为完成某项任务需要进行一系列内容相关的信息交换，会话层就是为有序地、方便地控制这种信息交换提供控制机制，从而有效地组织和同步进行合作的会话服务用户之间的对话。

### 6. 表示层（Presentation Layer）

不同的计算机系统具有不同的数据类型与结构。表示层解决计算机系统之间的差异问题，使各系统间能彼此理解对方数据的含义。

### 7. 应用层（Application Layer）

完全面向用户或应用程序，所完成的是计算机实际的工作，比如文件传输、电子邮件等，它使用了表示层提供的服务，这一层的功能最强、最复杂，同时也是最不成熟的一层。

## 3.1.4　TCP/IP 体系结构

开放系统互联参考模型 OSI 是由 ISO 提出的，按照常理，网络技术和设备只有符合有关的国际标准才能在大范围获得工程上的应用。但现在情况却反过来了，非国际标准的 TCP/IP 成为计算机网络中的主要标准体系，主要原因在于 OSI 有以下几点不足。

（1）OSI 的协议实现起来过分复杂，且运行效率很低。

（2）OSI 标准的制定周期太长，因而使得按 OSI 标准生产的设备无法及时进入市场。

（3）OSI 的层次划分并不太合理，有些功能在多个层次中重复出现。

正因为 OSI 的以上这些不足，所以尽管人们普遍希望网络标准化，但在市场化方面 OSI 没有商业驱动力而迟迟没有成熟的网络产品。因此，OSI 参考模型与协议没有像专家们所预想的那样风靡世界。而由于 TCP/IP 体系结构的成功使用，得到了 IBM、Microsoft、Novell 及 Oracle 等大型网络公司的支持，成为事实上的网络体系结构国际标准。Internet 中使用的即是 TCP/IP 体系结构。

## 1. TCP/IP 模型

美国国防部高级研究计划局（DoD ARPA）于 1969 年在研究 ARPANET 时提出了 TCP/IP 模型（如图 3-2 所示），它是一个四层体系结构。从低到高各层依次为网络接口层、网际层、传输层和应用层。

人们经常提到"TCP/IP 协议簇"这个名词，它除了代表 TCP 与 IP 这两个协议外，还包含了与 TCP/IP 模型相关的数十种通信协议。这些协议分布在应用层、传输层和网际层三个服务层次上，如表 3-1 所示。对于网际层以下，TCP/IP 模型没有真正描述这一部分，只是指出主机必须使用某种协议与网络连接，以便能在其上传递 IP 分组。因此，TCP/IP 将网际层以下称为网络接口层或主机-网络层。

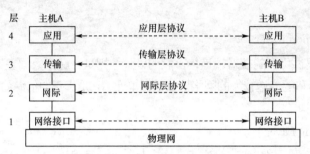

图 3-2　TCP/IP 模型

表 3-1　TCP/IP 协议簇

| 应用层 | FTP、TELNET、HTTP、SMTP | | | SNMP、TFTP、NTP |
| --- | --- | --- | --- | --- |
| 传输层 | TCP | | | UDP |
| 网际层 | IP、ICMP、ARP、RARP | | | |
| 网络接口层 | 以太网 | 令牌环网 | 802.2 | HDLC、PPP、帧中继 |
| | | | 802.3 | EIA/TIA-232、EIA/TIA-499、V.35、V.21 |

## 2. TCP/IP 模型与 OSI 参考模型的对比

OSI 和 TCP/IP 均采用层次结构，而且都是按功能分层，但两者还是有很大的不同。

（1）如图 3-3 所示，OSI 分七层，而 TCP/IP 分四层。

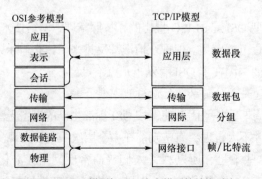

图 3-3　TCP/IP 模型与 OSI 参考模型的结构对比

（2）OSI 层次间存在严格的调用关系，两个（N）层实体的通信必须通过下一层（N-1）层实体，不能越级。而 TCP/IP 可以越过紧邻的下一层直接使用更低层次所提供的服务（这种层次关系常被称为"等级"关系），因而提高了协议的效率。

（3）OSI 只考虑用一种标准的公用数据网将各种不同的系统互联在一起，后来认识到互联网协议的重要性，才在网络层划出一个子层来完成互联作用。而 TCP/IP 一开始就考虑到多种异构网的互联问题，并将互联网协议 IP 作为 TCP/IP 的重要组成部分。

（4）OSI 开始偏重于面向连接的服务，后来才开始制定无连接的服务标准。而 TCP/IP 一开始就有面向连接和无连接服务，无连接服务的数据报对于互联网中的数据传送以及分组话音通信都是十分方便的。

（5）OSI 与 TCP/IP 对可靠性的强调也不相同。对 OSI 的面向连接服务，数据链路层、网络层和传输层都要检测和处理错误，尤其在数据链路层采用校验、确认和超时重传等措施提供可靠性，而且网络层和传输层也有类似技术。而 TCP/IP 则不然，TCP/IP 认为可靠性是端到端的问题，应由传输层来解决，因此它允许单个的链路或计算机丢失数据或数据出错，网络本身不进行错误恢复，丢失或出错数据的恢复在源主机和目的主机之间进行，由传输层完成。由于可靠性由主机完成，增加了主机的负担。但是当应用程序对可靠性要求不高时，甚至连主机也不必进行可靠性处理，在这种情况下，TCP/IP 的效率最高。

（6）OSI 开始未考虑网络管理问题，到后来才考虑这个问题。TCP/IP 有较好的网络管理。

OSI 七层结构复杂且不实用，但结构完整、概念清楚；TCP/IP 四层结构简单实用，但模型不通用，其网络接口层在分层协议中根本不是通常意义上的层，而是一个接口。因此，在实际的网络学习与研究中都采用折中的五层模型。这五层从低到高依次为物理层、数据链路层、网络层、传输层和应用层。

# 3.2 物理层

## 3.2.1 物理层定义及功能

物理层位于网络体系结构中的最底层。它的主要任务是制定物理设备与传输媒体之间的接口规则，实现两个物理设备之间二进制比特流的传输。物理层不是具体的物理设备或传输媒介，但物理层的内容与具体的物理设备与传输媒介有关。大家知道，计算机网络中的硬件设备和传输媒介种类繁多，通信方式也各式各样，物理层的作用就是要尽可能地屏蔽这些差异，为物理层之上的数据链路层提供透明服务。

物理层协议实际上就是物理层的接口标准。物理层协议也常称为物理层规程，具体可用四个特性来描述：机械特性、电气特性、功能特性和规程特性。

（1）机械特性：规定物理连接时使用的连接器的形状和尺寸、引脚数目与排列情况等。

（2）电气特性：规定信号传输中使用的电平、脉冲宽度、编码方式、允许的数据传输速率和最大传输距离等。

（3）功能特性：规定物理接口上各条信号线的功能分配和确切定义。

（4）规程特性：规定接口电路信号出现的顺序、应答关系及操作过程。

## 3.2.2 物理层接口标准

物理层接口标准有多种，如 EIA RS-232-C、EIA RS-449 及 V.35 等。不同的接口标准在其四个接口特性上都不尽相同。串行接口标准 EIA RS-232-C 是物理层协议的一个典型实例,下面就以 EIA RS-32-C 为例来理解物理层协议。

EIA RS-232-C 是美国电子工业协会(Electronic Industries Association,EIA)制定的物理层接口标准。RS 表示 EIA 是一种"推荐标准",232 是标识号,C 是版本号,C 版本之后还有修订的 232-D、232-E 标准。由于新版本对标准修改得并不多,因此人们经常将它们简称为 RS-232 标准。

RS-232 提供了数据终端设备(Data Terminal Equipment,DTE)和数据电路端接设备(Data Circuit terminating Equipment,DCE)之间进行串行二进制数据交换的接口标准。

图 3-4 是两台计算机通过公用电话网进行远程数据通信示意图。图中计算机(DTE)通过 Modem(DCE)将数字数据转换成模拟信号,以便在公用电话网上传。通信系统的另一端通过另一台 Modem(DCE)将模拟信号转换成数字数据传给接收端计算机(DTE),从而实现两台计算机间二进制比特流的传输。

图 3-4 中,计算机与调制解调器之间采用 EIA RS-232 接口标准。下面是从物理层接口的四个特性出发对 EIA RS-232 标准的解释。

图 3-4　两台计算机通过电话网进行远程通信

(1)EIA RS-232 的机械特性

在机械特性方面,EIA RS-232 规定使用一个 25 针(DB25)插头,实际通信中用到的管脚一般只有 3~9 个,随着设备的改进,现在 DB25 针很少看到了,代替它的是 DB9 针的接口,因此现在常把 RS-232 接口叫作 DB9。图 3-5 是 DB9 接口外观图。上面一排针编号分别为 1~5,下面一排针编号分别为 6~9,还有一些其他尺寸的严格说明。

图 3-5　RS-232 DB9 外观图例

(2)EIA RS-232 的电气特性

在电气特性方面,EIA RS-232 采用负逻辑电平。用-15V~ -3V 表示逻辑 1,用+3V~ +15V 表示逻辑 0。当 DTE 与 DCE 间的连接电缆长度不超过 15 m 时,数据传输速率最高为 20 Kbit/s。

(3)EIA RS-232 的功能特性

在功能特性方面,EIA RS-232 定义了 DB25 针中的 20 根引脚线的功能,其他 5 根未定义。由于现在 DB25 接口已很少使用,因此图 3-6 只给出了 DB9 接口的引脚图。图 3-7 是计算机与调制解调器之间通过 RS-232 DB9 连接时的典型接口电路图。

(4)EIA RS-232 的规程特性

在规程特性方面,EIA RS-232 规定了 DTE 与 DCE 之间控制信号与数据信号的发送时序、应答关系与操作规程。例如,图 3-7 中,计算机(DTE)开始通信前,首先使 RTS 信号有效,表示向调制解调器(DCE)发出发送请求,如果调制解调器(DCE)已准备就绪,则使 CTS 信号有效,表示允许计算机(DTE)发送数据,从而完成 DTE 与 DCE 双方握手。

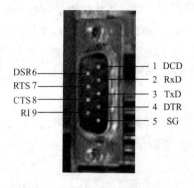

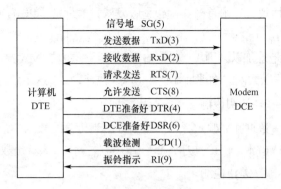

图 3-6　RS-232 DB9 引脚图例　　　　　　图 3-7　RS-232 DB9 接口电路图

# 3.3　数据链路层

## 3.3.1　数据链路层的定义及功能

数据链路层位于物理层之上，网络层之下。它利用物理层提供的比特流传输服务，把网络层交下来的数据打包成帧进行发送或者从物理层交上来的比特流中识别出帧，并把帧中的数据上交给网络层。

数据链路层的协议有多种，如广域网中的数据链路层协议 PPP、SLIP 和 HDLC 等。局域网中的数据链路层协议分为 MAC 子层协议和 LLC 子层协议等。根据实际需要，不同的数据链路层协议功能也有所不同。但要实现为网络层提供无差错的透明传输服务，封装成帧、透明传输和差错检测是所有数据链路层协议都必须具有的最基本功能。

### 1. 封装成帧

帧是数据链路层的传输单位。在一段数据的前后分别添加首部和帧尾部就构成一个帧。接收端收到物理层交上来的比特流时，根据帧首部和帧尾部标记即可识别出帧。图 3-8 表示用帧首部和帧尾部封装成帧的一般格式。网络层都是以数据分组为传输单位的，因此网络数据分组（Internet 中称为 IP 数据报）就是帧中的数据部分。图中 MTU（Maximum Transfer Unit）是帧的数据部分的长度上限，每种数据链路层协议有不同的 MTU。

图 3-8　数据链路层帧的一般格式

帧首部和帧尾部的一个重要作用就是进行帧定界。此外根据需要，帧首部和帧尾部中还包括许多其他的必要信息，如地址信息、数据类型和校验信息等。

对于广播（共享）式链路，使用的是一对多的通信方式。因此，应用于广播式链路的数据链路层协议，其帧首部必须包含收发双方的地址，以解决节点寻址问题。这里的地址就是识别某个节点（站点）的标识符，不随节点所处的地点而改变，这个地址称作物理地址（请注意与第 4 节中介绍的 IP 地址加以区别）。如以太网数据链路层中的 MAC 帧，用网卡（网络适配器）上的编号作为物理地址。以太网的物理地址也叫 MAC 地址，由于这个地址固化在网卡的 ROM 中，因此又称为硬件地址。

**2. 透明传输**

数据帧靠帧定界信息来划分。当传输的数据中恰巧出现了与帧定界符相同的比特组合时，必须采取措施，使接收方不会产生误接收操作。这就是数据链路层的透明传输。

**3. 差错检测**

实际通信链路不会是理想的，数据传输过程中总会出现差错。为此可采取两种解决措施。

（1）前向纠错：接收方收到有差错的数据帧时，能够自动将差错改正过来。这种方法开销大，不适合计算机通信。

（2）差错检测：接收方只需检测出收到的数据帧有差错，但并不需知道错在哪里。然而，接下来又有两种处理方法：一种是将收到的错误帧直接丢弃，不进行任何处理，如以太网中 MAC 子层采用这种方法；另一种是采用确认、重传机制，如高级数据链路控制协议 HDLC 中采用这种方法。

## 3.3.2 数据链路层协议 PPP

大家知道，Internet 个人用户或住宅用户通常需要连接到某个 ISP（Internet Service Provider）才能接入到 Internet，如图 3-9 所示。PPP（Point-to-Point Protocol）协议即是用户计算机和 ISP 进行通信时使用的数据链路层协议。该协议适用于点-点式链路。

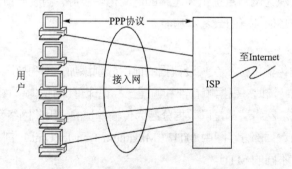

图 3-9　用户到 ISP 的链路使用 PPP 协议

PPP 协议由 Internet 工程部 IETF 于 1992 年制定，后经修订，在 1994 年成为 Internet 正式标准[ RFC 1661 ]。

根据实际情况，IETF 设计 PPP 协议时，把"简单"作为首要的需求。PPP 协议规定，接收方每收到一个数据帧，只需进行差错检测（采用 CRC 方法），如果检测正确，就收下这个帧，否则就丢弃这个帧，其他什么也不做。

PPP 协议包括三个组成部分。

- 一个将 IP 数据报封装到串行链路的方法，用于帧的封装。
- 一个用来建立、配置和测试数据链路的链路控制协议 LCP（Link Control Protocol）。
- 一套用来协商网络层使用的协议、配置 IP 地址等参数的网络控制协议 NCP（Network Control

Protocol）。

PPP 协议的工作流程如下。

（1）当用户拨号接入 ISP 时，首先建立一条物理连接，这时，用户计算机向 ISP 路由器发送一系列 LCP 帧进行数据链路的建立。

（2）数据链路建立后，接着通过 NCP 进行网络层协议配置，给新接入的用户计算机分配一个 IP 地址，这样用户计算机就接到 Internet 中去了。

（3）将 IP 数据报封装成帧进行数据通信。

（4）通信结束时，通过 NCP 释放网络层连接，收回分配出去的 IP 地址，接着 LCP 释放数据链路层连接，最后关闭物理链路。

PPP 协议帧格式如图 3-10 所示。

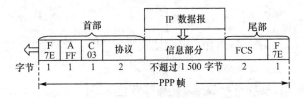

图 3-10　PPP 协议帧格式

PPP 首部的第一个字段和尾部的第二个字段都是标志字段 F（Flag），规定为 7EH，用它作为 PPP 帧的定界符，表示一个帧的开始或结束。

首部中的地址字段 A（规定为 FFH）和控制字段 C（规定为 03H）至今没给出实际定义。首部的第四个字段是 2 字节的协议字段，当该字段值为 0021H 时，信息部分是 IP 数据报；若为 C021H，信息部分是 PPP 链路控制数据；若为 8021H，信息部分是网络控制数据。信息部分长度不固定，但不超过 1500 字节。尾部中的第一个字段是帧校验序列 FCS，用于对帧传输过程中出现的差错进行检测，这里采用 CRC 校验方式。

PPP 协议中透明传输的解决办法：PPP 既支持异步传输，也支持同步传输。当 PPP 使用异步传输方式时，采用字符填充法完成透明传输，用软件实现；当使用同步传输方式时，采用零比特插入技术完成透明传输，用硬件实现。

# 3.4　网络层

## 3.4.1　网络层定义及功能

网络层是网络体系结构中的第三层，位于数据链路层之上，传输层之下。主要完成主机与网络之间的交互，实现网络互联及路由选择功能，完成主机到主机的通信。

网络层如何向传输层提供服务有两种不同的设计，一种是"面向连接"的，另一种是"无连接"的。所谓"面向连接"的通信，指在通信时先建立起连接，以保证双方通信所需的一切网络资源。此种方式可以保证分组无差错按序到达目的方，还可以减少分组的开销，可以说"面向连接"的通信是一种可靠的数据传输。但是为了保证传输的可靠性，"面向连接"的通信协议会很繁杂，网络设备的软硬件设计也将非常复杂。

Internet 是构建在 TCP/IP 体系下的，该体系下网络层提供的是"无连接"的服务，即向传输层提供简单灵活的"无连接"数据报交付服务。在通信时无需先建立连接，每个分组（TCP/IP 体系中就是 IP 数据报）独立发送，与其前后的分组无关，甚至不同分组经过的路由也不同。传输过程中网络只负责将分组发送到目的方，不做正确性验证，也不保证分组的正确顺序及交付时限，甚至不保证能一定交付，只是"尽最大努力地交付"（Best-Effort Delivery），提供的是不可靠的数据交付服务，这种通信的可靠性由传输层负责。由此简化了路由器的工作，降低了网络的造价，网络运行方式也非常灵活，能够适应多种应用。互联网高速发展到今天，正是发挥了"无连接"的优势。但是随着网络应用的不断发展，这种不可靠的数据投递的缺点也越来越显现出来，比如在安全性方面，这也是在下一代互联网中需要解决的问题。

### 3.4.2 网际协议 IP

网际协议（Internet Protocol）简称 IP，网际协议 IP 提供了三个重要定义。
- 定义了整个互联网上数据传输所用的基本单元。
- IP 软件完成路由选择功能，给数据发送选择合适的路径。
- 定义了网络设备如何处理 IP 数据报异常情况的规则。

1. IP 地址及其固定分类

IP 协议实现了 Internet 中主机到主机的通信，为了能在整个 Internet 中实现寻址，要对互联网中的所有主机进行统一编址，这就是 IP 地址，且每台主机（更准确地说，应该是每个网络接口 interface，通常在表述中习惯用主机来代替网络接口）必须有唯一的 IP 地址。ICANN（Internet Corporation for Assigned Names and Numbers）负责全球 IP 地址的统一规划和管理，各地区还有地区性的网络信息中心（NIC）负责具体的 IP 地址分配。如 APNIC 负责亚太区的 IP 地址分配，CNNIC 和 CERNIC 分别负责中国（除教育网）、中国教育网的地址分配。各 ISP 服务商向所在地的 NIC 申请整段的 IP 地址空间，然后向自己的用户分发地址。

IP 地址是由 4 字节（32 位）二进制数组成的，理论上有 $2^{32}$ 个地址可用，但实际上要远远小于这个数量。为了方便记忆和书写，通常在书面形式中 IP 地址采用点分十进制的方式表示，每 8 位即 1 个字节为一段，用十进制数值表示，中间用点分开，几个 IP 地址举例如下所示：

202.118.66.66，58.155.208.33，192.168.1.254，10.0.0.123

一个 IP 地址是由两部分组成，前面为网络号（Net ID），后面为主机号（Host ID）。网络号标识主机所在的网络，主机号是该主机在其本地网络中的标识，通过 IP 地址就可以确定主机所在的网络及其在本地网络中的位置。

最初的编址机制中将 IP 地址分成 A、B、C、D、E 五类，如图 3-11 所示，A、B、C 类地址为常用的地址类别，D 类地址为组播地址，E 类地址保留暂未使用。IP 地址的高 4 位是类别位，从 IP 地址首字节数值就可以判断其类别。A 类地址首字节的数值范围为 1~127，B 类地址为 128~191，C 类地址为 192~223，D 类地址为 224~239，E 类地址为 240~255。

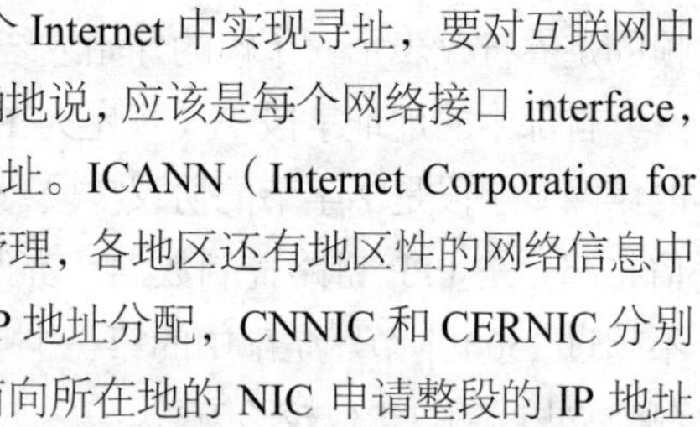

图 3-11 IP 地址的分类

除了首字节数值不同，前三类地址主要区别在于网络号和主机号的长度，长度的不同决定了每类地址的网络数量和每个网络所能容纳的主机数量的不同。在表 3-2 中给出了不同类别 IP 地址范围及网络规模。

表 3-2　IP 地址的可分配范围

| 网络类型 | 首字节数值范围 | 可分配的网络数量 | 每个网络中最大可容纳主机数 |
|---|---|---|---|
| A 类 | 1~127 | 126（$2^7-2$） | 16777214（$2^{24}-2$） |
| B 类 | 128~191 | 16383（$2^{14}-1$） | 65534（$2^{16}-2$） |
| C 类 | 192~223 | 2097151（$2^{21}-1$） | 254（$2^8-2$） |

A 类地址用 1 个字节作为网络号，除去首位固定为 0，还有 7 位可以使用，其中网络号 127 保留，网络号为 0 表示"本网络"的意思，不用于分配，这样 A 类网络的数量就是 $2^7-2=126$ 个。剩余的 3 字节（24 位）作为 A 类地址的主机号，那么每个 A 类网络中理论上可以有 $2^{24}$ 个主机。在 IP 中规定主机号全为 0 的地址为本网络的网络地址，代表了整个网络，又规定主机号全为 1 的地址为本网络的广播地址，这两个地址不能分配给单独的主机，所以每个 A 类网络可容纳主机的数量为 $2^{24}-2$，为 16777214 个。

B 类地址用两个字节作为网络号，除去首 2 位固定为 10，还有 14 位可用，其中网络号 128.0 保留，不用于分配，这样 B 类网络的数量就是 $2^{14}-1=16383$ 个。其余的两个字节（16 位）作为 B 类地址的主机号，与前面说明的一样主机号全为 0 和全为 1 的地址不可分配，这样每个 B 类网络中可容纳主机的数量为 $2^{16}-2$，为 65534 个。

C 类地址用 3 个字节作为网络号，除去首 3 位固定为 110，还有 21 位可用，其中网络号 192.0.0 保留，不用于分配，这样 C 类网络的数量就是 $2^{21}-1=2097151$ 个。最后 1 个字节（8 位）作为 C 类地址的主机号，这样每个 C 类网络中可容纳主机的数量为 $2^8-2$，为 254 个。

2. 特殊 IP 地址

除了上述分类中的保留地址，还有一些地址作为特殊地址不能分配给主机使用，如表 3-3 所示。

表 3-3　不可分配给主机的特殊地址

| 特殊地址 | 含义及用途 |
|---|---|
| D 类 IP（首字节值为 224～239） | 组播地址，表示组播组中所有主机 |
| 主机号全为 1 | 广播地址，表示本网络中所有主机 |
| 主机号全为 0 | 网络地址，表示整个网络 |
| E 类 IP（首字节值为 240～255） | 保留，为今后使用 |
| 网络号为 0 的 A 类地址 | 保留，表示本网络中具有该主机号的主机 |
| 网络号为 127 的 A 类地址 | 保留，环回地址，本机测试用 |
| 网络号为 128.0 的 B 类地址 | 保留 |
| 网络号为 192.0.0 的 C 类地址 | 保留 |

在 IP 协议中定义了三种不同的通信模式：单播方式（Unicast）、广播方式（Broadcast）和组播方式（Multicast）。根据通信模式的不同，相应的 IP 地址分为单播地址、广播地址和组播地址。

（1）单播方式（Unicast）：最常用的通信方式为单播方式，就是一对一的通信，通信双方都是单一的主机。A、B、C 类中可供分配的 IP 地址，都可以作为单播地址分配给独立的主机。

（2）广播方式（Broadcast）：是一对多的通信方式，其接收方是广播地址所在网络中所有主机。

规定每个网络中主机号全为"1"的地址作为本网络的广播地址,广播地址是不能分配给单独的主机的。就是说向一个网络的广播地址发送数据,该网络中的所有主机都将接收到该数据。需要注意的是在"每个"网络中都存在 1 个广播地址,在后面讲到的变长子网划分时,网络的划分是非常灵活的,也就是说广播地址的数量是不确定的,相同的地址在不同的网络划分情况下可能是单播地址也可能是广播地址。在目前版本 4 的 IP 协议中广播的应用还是比较多,比如 ARP 及 DHCP 请求的发送等,但广播方式也带来了很多安全问题,比如广播风暴、信息泄密等,因此在 IPv6 中已经取消了此种通信方式。

(3)组播方式(Multicast):是一对多的通信方式,其接收方为组播组内所有主机。与广播的区别主要在于组播的接收主机不一定在同一网络中,而是在一个组播组内,组播组是可以跨网络的。在使用组播方式通信前,首先要有一个组,特定的主机可以通过一定方式加入到该组播组中。组的定位是通过组播地址实现的,1 个组播地址代表 1 个组播组内的所有主机,向该地址发送数据则组播组的所有成员主机都将收到该数据,D 类 IP 地址就是专用的组播地址。

还有一部分地址专用于私有网络(通常也叫内网),这部分地址称为私有地址(也称为内网地址,相对的非私有地址也称为外网地址、公网地址)。私有地址的使用不需要申请,所以在构建局域网时通常都使用私有地址。如果需要接入 Internet,还可以通过 NAT 技术进行地址转换后实现。这些网络如下:

1 个 A 类网络:10.0.0.0~10.255.255.255

16 个 B 类网络:172.16.0.0~172.31.255.255

256 个 C 类网络:192.168.0.0~192.168.255.255

另外还有一个 B 类网络:169.254.0.0~169.254.255.255 保留,是链路本地地址,只能在链路本地网络通信中使用。

3. 子网划分与无类型编制技术

最初固定地按类划分 IP 地址,主要是为了应对不同规模的网络,对于规模超大的网络使用 A 类地址,较大的网络使用 B 类地址,小网络使用 C 类地址。但随着 Internet 的快速发展,在实际应用中发现这种划分很不实用。不同网络其规模差异极大,从千万台主机的超级大网到百十台主机的小网,各种规模的网络都有一定数量,三类 IP 地址的划分并不能作为网络规模的典型代表。如果按此分配地址,在管理和路由上将变得非常复杂,还会造成严重的地址浪费。

为了解决上述问题,首先提出了一个划分子网的方案,即将 IP 地址的网络号+主机号的二级结构变成网络号+子网号+主机号的三级结构,如图 3-12 所示。把原来主机号前面的一部分作为子网号,在原来三类划分的基础上在每类地址下又可以划分子网。

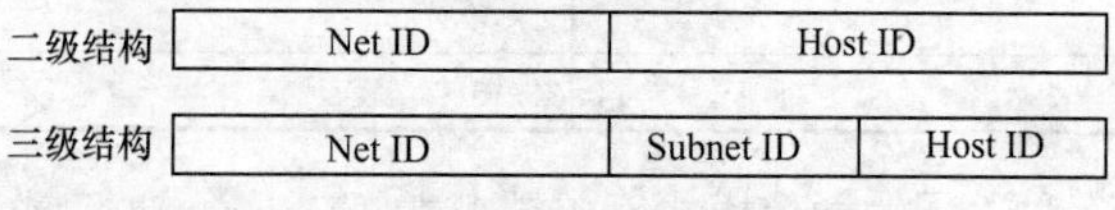

| 二级结构 | Net ID | | Host ID | |
|---|---|---|---|---|

| 三级结构 | Net ID | | Subnet ID | Host ID |
|---|---|---|---|---|

图 3-12 引入子网号后 IP 地址的结构

子网号的长度可以由网络管理员根据需要自行分配,这样就可以把原来固定规模的网络分类很灵活地进一步划分成多个稍小一点的网络,来适应相应的网络规模。如图 3-13 所示,将一个 B 类网络 116.3.0.0 划分成 4 个子网,其中原主机号的前两位作为子网号,4 个子网的子网号分别为 00、01、

10 和 11。

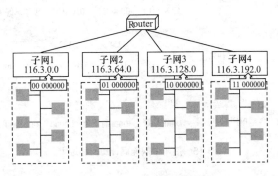

图 3-13　子网划分举例

由于子网号是由管理员分配的，那么网络中的路由器就无法从 IP 地址本身去确定子网号到底有多长，也就是无法确定网络地址。于是引入了子网掩码（Subnet Mask）来帮助解决。子网掩码也是一组 32 位的数字，其形式与 IP 地址完全一样，在网络中与 IP 地址配合使用，指示具有该 IP 地址主机所在网络的网络地址。

通常一个子网掩码前面是连续的 1，后面是连续的 0。其中 1 的个数与 IP 地址中网络号和子网号的位数相同，0 的个数与 IP 地址中主机号的位数相同。

对于固定的 A、B、C 类 IP 地址的划分，网络地址固定，没有子网，子网掩码只表示其网络号，默认的子网掩码也是固定的，如图 3-14 所示。

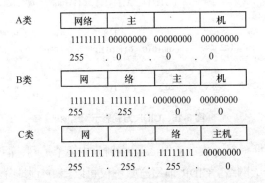

图 3-14　A、B、C 类 IP 地址默认子网掩码

在划分了子网，需要计算网络地址时，将 IP 地址各位分别同子网掩码各位做逻辑"与"运算，其结果就是该 IP 地址所在网络的网络地址。如图 3-15 所示，假设 IP 地址为 130.3.75.8，其所在网络的子网掩码为 255.255.192.0。将 IP 地址和子网掩码都转换成二进制位后，按位进行逻辑"与"运算，与子网掩码中"1"所对应的 IP 地址位保持不变，而与子网掩码中"0"所对应的 IP 地址位变为"0"，这样就得出了该 IP 地址的网络地址。该地址原来为一个 B 类地址，去掉默认的 B 类地址子网掩码，可以看出该网络有 2 位子网号，也就是将原来的一个 B 类网络又划分成 4 个子网，这里给出的 IP 地址属于这 4 个子网中的第二个。

IP地址：　　　　130　.　　3　.　　75　.　　8
　　　　　　　10000010　00000011　01001011　00001000

子网掩码：　　　255　.　　255　.　192　.　　0
　　　　　　　11111111　11111111　11000000　00000000

按位"与"运算　　130　.　　3　.　　64　.　　0
得到网络地址：　10000010　00000011　01000000　00000000

图 3-15　使用子网掩码计算网络地址

网络号与子网号其实都是指示 IP 地址的网络部分，后来就将这两部分合并，将子网划分的三级结构又重新变成二级，IP 地址的网络号为可变长度，彻底抛弃了原来的固定分类。这种结构使用子网掩码也可以实现，进一步改进简化后就出现了无类型域间路由技术 CIDR（Classless Inter-Domain Routing）。CIDR 使用前缀来表示 IP 地址网络部分，其形式为 IP 地址结尾处加反斜杠"/"，后面加前缀，前缀为十进制数，数值就是网络号的位数。如图 3-16 所示，IP 地址 202.118.65.156 所在网络的子网掩码为 255.255.240.0，也就是说网络号为前 20 位，用 CIDR 方式表示该网络就是 202.118.64.0/20。

IP地址：　　　　202　.　　118　.　　65　.　156
　　　　　　　11001010　01110110　01000001　10011100

子网掩码：　　　255　.　　255　.　240　.　　0
　　　　　　　11111111　11111111　11110000　00000000

网络地址：　　　202　.　　118　.　　64　.　　0
　　　　　　　11001010　01110110　01000000　00000000

CIDR方式表示：　202　.　　118　.　　64　.　　0/20

图 3-16　CIDR 方式表示网络地址

使用子网划分后可以将一个 A 类或者 B 类网络划分成多个子网，而使用 CIDR 技术后还可以将多个 C 类网络聚合成一个大网络。CIDR 前缀方式不仅可以使 IP 地址分配更合理、灵活，记录更简便，还大幅度降低了路由表的大小，在 IPv6 中就直接采用这种前缀的方式来表示子网及地址范围。目前在 Internet 上已经普遍采用子网掩码或 CIDR 前缀来确定网络号及地址范围，不再使用固定的类型划分。

需要强调的是采用子网掩码或 CIDR 前缀方式划分的网络，其广播地址与网络地址的定义与之前固定类型划分的 IP 网络的定义一致，仍然是主机号全为"0"的 IP 表示整个网络为网络地址，主机号全为"1"的 IP 表示网络中所有主机，为广播地址。

4. IP 数据报格式

IP 数据报由报头和数据两部分组成，报头由 20 个字节的固定长度字段和可变长度的"IP 选项"字段构成，具体格式如图 3-17 所示。

（1）VERS：版本字段，占用 4 比特位，给出 IP 数据报所属的 IP 协议的版本。目前版本是 4，也称为 IPv4，新一代互联网使用版本 6 的 IP 协议，又称为 IPv6。

（2）HLEN：首部长度，占用 4 比特位，指出首部的实际长度（有几个 4 字节），最大值为 15，这就规定了首部最长有 60 字节，选项字段被限制在 40 字节以内。

（3）Service TYPE：服务类型字段，规定了数据报的处理方式，包含一些优先级的定义位，路由器根据优先级信息，对不同的 IP 数据报提供不同的带宽、可靠性等保障。

（4）Total Length：总长度字段，标明 IP 数据报的全部长度，包括首部和数据。该字段长度为 16 比特位，这就意味着 IP 数据报的最大长度为 $2^{16}-1$ 个字节，大约为 64KB 字节。

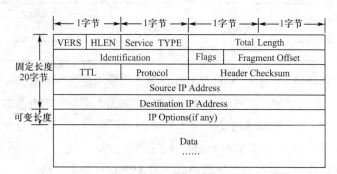

图 3-17　IP 数据报格式

（5）Identification（标识字段），Flags（标志字段），Fragment Offset（片偏移量字段）：这三个字段是完成 IP 数据报分片和重组功能的。在传递 IP 数据报时需将其封装到底层物理帧中，不同网络其物理帧的最大长度也不同。传递数据时如果都按照路由上最小的物理帧来封装将大大降低通信效率，IP 协议中采用分片重组的办法来解决。当物理帧长度小于 IP 数据报时，将数据按照物理帧的大小进行分片，装入到多个 IP 数据报中，然后封装到不同的物理帧中发送，接收端再将分片后的数据重组复原成原数据。标识字段是原数据报的唯一标识，分片后的数据报该字段值是一致的；标志字段占用 3 比特位，表明该数据报是否可分片及是否为最后一个分片；片偏移量字段表明分片数据报在原数据报中的位置。

（6）TTL：8 比特位，生存时间字段，IP 数据报生存时间的计数器，在实际应用中，该字段以跳数为单位，每经过一个路由器就将该字段减 1，当该字段为 0 时就丢弃此 IP 数据报。

（7）Protocol：协议字段，指明创建数据部分所使用的传输层协议类型，目的主机将根据该字段确定对数据进行如何处理。

（8）Header Checksum：首部校验和字段，IP 协议对数据报首部进行校验，校验和保存在本字段。

（9）Source IP Address（源地址）、Destination IP Address（目的地址）：这两个字段分别存储数据发送主机和接收主机的 IP 地址。

（10）IP Options：选项字段，可变长度，利用该字段可以进行安全、测量、排错等方面的扩展。由于长度的限制，其扩展能力有限，目前较少用到这个字段。

## 3.4.3　地址解析协议 ARP

IP 地址不仅提供了在 Internet 中查询主机的途径，也是将不同底层结构的网络互联起来的关键。底层协议（物理层、数据链路层）不同的网络，所用的物理地址编址方式也是不同的，无法直接进行互联互通。在 TCP/IP 体系中，IP 地址被设计成一种逻辑地址，通过将不同编址方式的物理地址转换成统一的 IP 地址，实现了不同网络的互联。ARP（Address Resolution Protocol）地址解析协议，就是实现 IP 与 MAC 地址转换功能的。

ARP 协议在主机内维护一张 ARP 缓存表，记录局域网中 IP 地址与 MAC 地址的对应关系。在 Windows 系统中可以通过命令 arp-a 来查看 ARP 缓存表，如表 3-4 所示。

表 3-4　ARP 缓存表

| Internet 地址 | 物理地址 | 类型 |
| --- | --- | --- |
| 192.168.1.1 | 00-19-E0-CB-E9-3E | 动态 |
| 192.168.1.4 | 00-22-FA-7C-90-EE | 动态 |
| 192.168.1.100 | 00-15-58-B1-1B-9D | 动态 |

如图 3-18 所示，在局域网内主机 A 要向主机 B 发送数据，首先查看主机 A 内的 ARP 缓存表中是否有 B 的 IP 地址信息，如果有则按照相对应的 MAC 地址在局域网中发送数据。如果 ARP 缓存表中没有相应的信息，则 A 会向局域网发送一个 ARP 请求广播包，查询 B 的 MAC 地址。该广播包中包含 B 的 IP 地址、A 的 IP 地址及 MAC 地址。局域网内的所有主机都将收到该 ARP 请求广播包，并将 A 的 IP 地址与 MAC 地址对应信息更新到自己的 ARP 缓存表中。然后查看广播包内 B 的 IP 地址，如果不是 B 就将广播包丢弃；如果是 B 则向 A 发送 ARP 响应，ARP 响应包含 B 的 IP 地址与 MAC 地址的对应关系。这样 A 就通过 ARP 协议获得了 B 的 MAC 地址，之后就可以在局域网中进行数据传输。

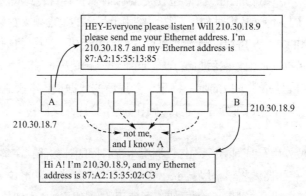

图 3-18　ARP 请求与响应

从 ARP 请求与响应的过程中不难看出其中存在的漏洞，就是没有认证机制。这就造成了 ARP 欺骗漏洞，可以轻易地伪造假的 ARP 信息。例如局域网内 A 主机随意发送一个 ARP 请求广播，将广播包中自己的 IP 改写成网关 IP，由于没有认证机制，局域网内所有主机收到该广播后就会及时更新自己的 ARP 缓存表，将错误的网关 MAC 地址写入，这样再向外网发送数据时就会按照错误的网关 MAC 地址将信息发送给主机 A，这样 A 就完成了 ARP 欺骗，从而窃取他人的信息。近年大量的病毒都利用了 ARP 协议本身的这种漏洞，给局域网内的信息安全带来很大威胁，也严重影响网络的运行。在 IPv6 中已经摒弃了 ARP 协议。

### 3.4.4　网际控制报文协议 ICMP

前面讲到 IP 协议本身不具备差错控制能力，ICMP（Internet Control Message Protocol）网际控制

报文协议被设计用来辅助 IP 协议实现控制功能。ICMP 实现的控制功能包括：网络差错报告，用来报告 IP 数据报传输过程中发生的意外情况；网络状态报告，用来报告网络的运行状态。根据具体的功能，ICMP 报文又分为目的站不可达、超时等类型，如表 3-5 所示。

表 3-5　部分 ICMP 报文类型

| 类型字段值 | ICMP 报文类型 | 描述 |
|---|---|---|
| 0 | 回送应答 | 对回送请求的应答 |
| 3 | 目的站不可达 | IP 数据报不能递交 |
| 4 | 源站抑制 | 源站降低速率 |
| 5 | 重定位 | 可变路由 |
| 8 | 回送请求 | 向指定地址发送请求，查询是否活动 |
| 11 | 数据报超时 | 生存期字段为 0，丢弃数据报 |
| 12 | 数据报参数错误 | IP 数据报头字段错误 |

ICMP 报文使用 IP 协议来传输，封装在 IP 数据报的数据部分，如图 3-19 所示。需要注意，ICMP 报文虽然封装在 IP 数据报中，但并不是高层协议，ICMP 是 IP 协议的一部分。与 IP 数据报类似，ICMP 报文也由 ICMP 首部和 ICMP 数据构成，ICMP 首部包括类型、编码和校验和等字段，如图 3-20 所示。

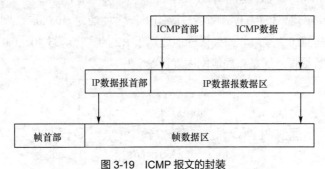

图 3-19　ICMP 报文的封装

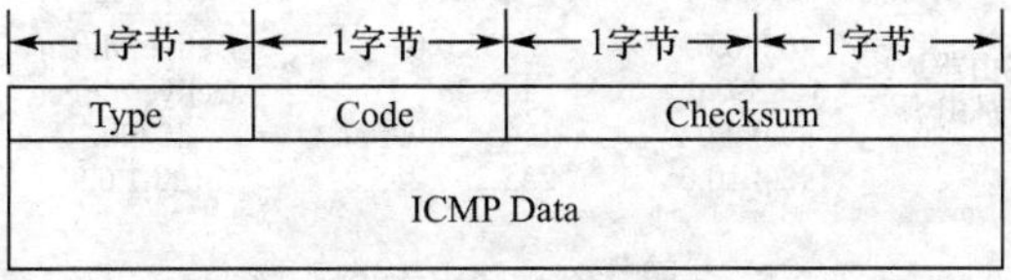

图 3-20　ICMP 报文格式

- Type：类型字段，表示 ICMP 报文的类型，前面表 3-5 中列出了部分选项。
- Code：代码字段，进一步表明 ICMP 报文类型的信息。
- Checksum：校验和字段，为整个 ICMP 报文的校验和值。
- ICMP Data：ICMP 数据字段，包含出错 IP 数据报的前 64 位，用于确认出错的 IP 数据报。

最常用的网络检测工具是 ping 命令，是通过发送 ICMP 报文来检测网络状态的。在进行网络检测时，通常会 ping 一系列地址，包括本机地址、同网段内主机地址、网关地址、其他网络主机地址和目的主机地址等，根据各段检测结果就可以大体确认故障点。

### 3.4.5 IP 路由及路由协议简介

IP 数据报如何在网络中传送？路由器如何转发 IP 数据报？

当源主机发送 IP 数据报时首先查看目的地址是否与自己处于同一逻辑网络，如果是则根据 ARP 信息，在局域网内发送数据报，如果不在同一网络则将数据报发送给自己相邻的路由器（主机配置中通常叫网关）。由于互联网是存储转发网，路由器只需知道应该把数据报交付的下一个路由器地址，然后一个路由器接着一个路由器地传递下去直至到达目的网络，每个路由器都不需要知道全部的路由情况。路由器中会维护一张路由表，路由表中就记录了能够到达不同目的网络的下一个路由器地址，称为下一跳地址。路由器收到 IP 数据报会根据目的主机的网络地址查找路由表，找到对应的下一跳地址，然后将该数据报转发到下一跳路由器。网络地址可以通过 IP 地址及子网掩码来确定，具体方法参见前面的内容。

来看一个例子，图 3-21 为通过 3 个路由器连接的 4 个网络，并给出了路由器 R2 的部分路由表。路由表中通常至少要包括目标网络地址 Destination、子网掩码 Mask 和下一跳地址 Next Hop 三项，前两项指明了目标网络，下一跳地址指明了转发地址。在 R2 的路由表中有两项不是地址而是 "Deliver direct"，表明 R2 直接连接 2 个子网分别为 40.0.0.0/8、128.1.0.0/16，从图中可以看到 R2 网络接口的地址为 40.0.0.8 和 128.1.0.8 。假设有一个 IP 数据报其目标地址在网络 30.0.0.0/8 中，R2 接收到该数据报就会查找路由表，发现 30.0.0.0/8 网络对应的下一跳地址为 40.0.0.7，则将该数据报通过接口 40.0.0.8 转发给 R1 的 40.0.0.7 接口。如果目标地址属于 R2 的直连网络 40.0.0.0/8 或者 128.1.0.0/16，则 R2 将不再转发 IP 数据报，而是在局域网内发送给相应的主机。

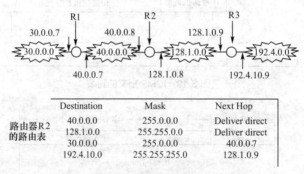

| | Destination | Mask | Next Hop |
|---|---|---|---|
| 路由器 R2 的路由表 | 40.0.0.0 | 255.0.0.0 | Deliver direct |
| | 128.1.0.0 | 255.255.0.0 | Deliver direct |
| | 30.0.0.0 | 255.0.0.0 | 40.0.0.7 |
| | 192.4.10.0 | 255.255.255.0 | 128.1.0.9 |

图 3-21　路由表举例

路由表是 IP 数据报的转发的关键，那么如何建立路由表呢？

当然可以由管理员手工配置静态路由表，但通常路由器的路由表都会很复杂，更重要的是互联网上的路由变化很频繁，随时都有可能变化，所以使用静态路由在大多数情况下并不可行。一般都要使用路由协议在各个路由器之间交换路由信息，动态生成路由表。需要注意的是路由协议属于应用层协议，采用一定的路由选择算法与其他路由器动态地交换网络路由情况信息，这些信息可以包括传输时延、距离和带宽等，根据这些信息生成路由表。

路由选择算法分为距离向量算法和链路状态算法（也称最短路径优先算法）。两种算法各有特点，不同的路由协议采用不同的路由算法。

在这么庞大的互联网中路由信息是海量的，让每一个路由器都参与交换全部的路由信息几乎是不可能的，因此将 Internet 划分成若干个相对独立的自治系统（Autonomous System，AS）。一个自治系统一般就是一个网络运营商管理的网络，由管理者根据网络情况，决定采取何种路由选择协议及控制策略，在 AS 内各路由器只交换 AS 内部的路由信息。在自治系统之间，通过边界路由器连接，采用统一的路由选择协议，来交换边界路由器的路由信息。数据报要发送到另外的 AS 中，会统一交付给边界路由器，由边界路由器转发到其他 AS 中。AS 号由 Internet 的管理组织统一分配。

根据使用场合的不同，路由协议可分为两大类：在 AS 内部使用的内部网关协议 IGP（Interior Gateway Protocol）；在 AS 外部也就是在边界路由器上使用的外部网关协议 EGP（External Gateway Protocol）。内部网关协议，主要有 RIP（Routing Information Protocol，路由信息协议）、OSPF（Open Shortest Path First，开放最短路径优先）和 IS-IS（Intermediate System-Intermediate System，中间系统至中间系统）等，其中 OSPF、IS-IS 应用比较广泛。为了统一各 AS 边界路由器所使用的路由选择协议，外部网关协议只有 BGP（Border Gateway Protocol，边界网关协议）一种，所以有些场合也把 EGP 与 BGP 混用。

# 3.5　传输层

## 3.5.1　传输层的定义及功能

传输层（运输层）位于网络层之上，为应用层提供端到端的数据通信服务。

物理层能够完成二进制比特流在物理链路上的传输，数据链路层利用物理层提供的服务，在两节点间的物理链路上建立数据链路，实现了帧的无差错传输。网络层又在数据链路层的基础上，增加了网络互联与路由选择功能，从而将数据分组送到目的主机，即完成了主机到主机的通信。而对于用户应用进程来讲，希望得到的是端到端（应用进程到应用进程）的服务，而不是主机到主机的服务。传输层的目的就是利用网络层提供的服务，实现用户应用进程间端到端的可靠或者不可靠的数据传输服务。图 3-22 以示意图的形式说明了传输层的作用。

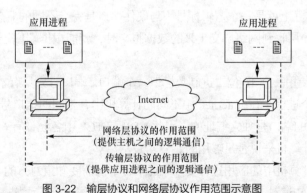

图 3-22　输层协议和网络层协议作用范围示意图

## 3.5.2　传输层协议 UDP 和 TCP

TCP/IP 体系结构的传输层有两个协议，都是 Internet 的正式标准，即：

● 用户数据报协议 UDP(User Datagram Protocol)［RFC 768］。

- 传输控制协议 TCP(Transfer Control Protocol)［RFC 793］。

如前所述，网络体系中的每一层都有自己的数据传输单位，如物理层是位，数据链路层是帧，网络层是数据分组或数据报。在传输层中，将数据传输单位叫作传输协议数据单元 TPDU。但针对具体的传输层协议，又有更具体的叫法。UDP 的数据传输单位为 UDP 用户数据报，TCP 的数据传输单位为 TCP 报文段。

TCP/IP 中的 UDP 与 TCP 有如下不同。

- UDP 是无连接的传输层协议。通信双方在通信前不需要建立连接，接收方收到 UDP 用户数据报后，只进行差错检测，如果检验正确则收下，否则直接丢弃，不需要做任何确认或重传动作。因此，UDP 是不可靠的传输层协议。

- TCP 则是面向连接的传输层协议。通信双方在通信前通过三次握手机制建立连接，通信过程中需要对传输的信息进行确认、重传，通信结束后需要拆除连接。因此 TCP 是可靠的传输层协议。另外，TCP 还具有流量控制及拥塞控制功能。

从上面描述可以看出，TCP 比 UDP 功能强大，但协议的开销随之也增加。另外，由于 TCP 设计目的是实现可靠的数据传输，一旦通信过程中出现差错，TCP 就会进行重传，这对通信实时性要求较高，且对传输差错有一定容忍度的应用，如 IP 电话，是不适合的，而 UDP 则恰恰相反。因此，根据实际需要，对于不同的应用，可选择传输层的不同协议 TCP 或 UDP。

下面是 Internet 中几种典型应用所使用的传输层协议：

- WWW 服务——使用 TCP
- 电子邮件——使用 TCP
- IP 电话——使用 UDP
- 流式多媒体通信——使用 UDP

1. 传输层的端口

传输层能够完成应用进程到应用进程之间的逻辑通信。那么传输层是如何识别不同应用进程的呢？解决这个问题的方法就是在传输层使用协议端口号（Protocol Port Number），通常简称为端口（Port）。这里的端口实际上就是一个逻辑标号（与硬件端口是完全不同的概念），用来标识应用层的不同应用进程。当传输层收到网络层交上来的数据报文时，就能根据端口号将数据交付到目的应用进程。

TCP/IP 的传输层使用一个 16 位二进制数标识一个端口。端口号只具有本地意义，它只标识本地计算机应用层中的各个进程。在 Internet 中不同的计算机中，相同的端口号是没有关联的。TCP/IP 中，UDP 和 TCP 各自的端口是独立编址的，因此 UDP 和 TCP 中各允许有 65536 个不同的端口号可用，这个数目对一台计算机来说是足够用的。

由此可见，两个计算机中的应用进程要互相通信，不仅需要知道对方的 IP 地址（为了找到对方的计算机），而且还要知道对方的端口号（为了找到对方计算机中的应用进程）。这与我们寄信的方式类似。当我们要写信给某人时，必须先知道他的通信地址，并在信封上写明自己的地址供收信人回信时使用。Internet 上的计算机通信多采用客户机/服务器方式。客户在发起通信请求时，必须知道服务器的 IP 地址和端口号，因此 TCP/IP 将其传输层的端口号分为以下两大类。

（1）服务器使用的端口号。这里又分为熟知端口号和登记端口号两类。

表 3-6　常用熟知端口号分配表

| 应用程序 | 应用层协议 | 传输层协议 | 熟知端口号 |
|---|---|---|---|
| 文件传输 | FTP | TCP | 21 |
| 电子邮件 | SMTP | TCP | 25 |
| Web 服务 | HTTP | TCP | 80 |
| 域名系统 | DNS | TCP /UDP | 53 |
| 网络管理 | SNMP | UDP | 161 |
| IP 动态配置 | DHCP | UDP | 68/67 |

熟知端口号的数值为 0~1023，Internet 号码分配管理局 IANA（Internet Assigned Numbers Authority）把这些端口号指派给了 TCP/IP 最重要的一些应用程序，让 Internet 所有用户都知道。这些端口号可在 IANA 的官方网站查到。表 3-6 列出一些常用的熟知端口号。

登记端口号的数值为 1024~49151。这类端口号是为没有熟知端口号的服务器应用程序使用的。使用这类端口号需在 IANA 进行登记，以防重复。

Web 服务器使用的端口号是 80，而人们通过 IE 浏览器访问网站时并没有在 IE 地址栏中指定端口号，就是因为 80 是熟知端口号，如果不指定端口号，IE 浏览器就默认为熟知端口号 80。如访问大连海事大学网站主页时，只需要在地址栏中输入网址 http://www.dlmu.edu.cn 即可。

如果网络服务使用的不是熟知端口号，如某个网站（网址是 fly.dlmu.edu.cn）使用了登记端口号 8080，那么客户访问该网站时必须在地址栏中指定端口号，如 http://fly.dlmu.edu.cn:8080。

（2）客户使用的端口号。数值为 49152~65535。

这类端口号仅在客户进程运行时才由操作系统动态分配使用，通信结束后，客户进程退出，操作系统收回端口号，可以再分配给其他的客户进程。因此这类端口号又叫作短暂端口号。服务器进程收到客户进程发来的数据报文时，就知道了客户进程所使用的端口号，因而可以把数据发送给客户进程。

2. UDP 用户数据报格式

每个 UDP 数据包称为一个用户数据报如图 3-23 所示，它分为两个部分：首部和数据部分。首部只有 8 个字节，由 4 个字段组成，每个字段长度都是 2 个字节。各字段的含义如下。

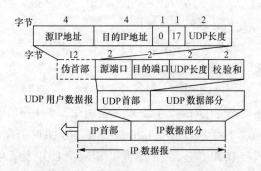

图 3-23　UDP 用户数据报格式

- 源端口：源端口号，在需要对方回信时使用，不需要时可全部填充"0"。
- 目的端口：目的端口号，必选。
- UDP 长度：UDP 用户数据报的长度，其最小值是 8 个字节（仅有首部）。

- 校验和：检测 UDP 整个用户数据报在传输中是否有错（将伪首部一同校验），有错就丢弃。

应注意，伪首部并不是 UDP 的真正首部，仅用于计算 UDP 校验和。之所以将伪首部一起校验，是为了在把 UDP 数据报交给应用进程之前，检查 IP 数据报是否无差错地到达了正确的目的地。

大家应还记得，在网络层，IP 数据报中的首部校验和，只校验 IP 数据首部是否出错，而不检查数据部分。而 UDP 中的校验和将整个 UDP 数据报一起检查。因此，作为传输层，不但能够完成应用进程之间端到端的通信，同时还负责对接收到的数据报文进行差错检测。

3. TCP 报文段格式

每个 TCP 数据报称为一个 TCP 报文段，如图 3-24 所示。它分为两部分：首部和数据部分。首部携带了本 TCP 报文段所需的标识及控制信息，它包括 20 个字节的固定部分和一个不固定长度的选项部分。各字段的含义如下。

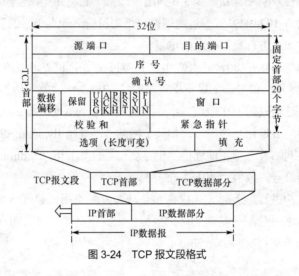

图 3-24　TCP 报文段格式

- 源端口和目的端口：各占 2 个字节，指定发送端和接收端的端口号。
- 序号：占 4 个字节，指定本报文段所发送的数据的第一个字节的序号。
- 确认号：占 4 个字节，指定期望收到对方下一个报文段的第一个数据字节的序号。
- 数据偏移：占 4 位（以 4 个字节为计算单位），指定 TCP 报文段首部的长度。
- 保留：占 6 位，保留字段，以备将来使用。
- 标志：URG、ACK、PSH、RST、SYN、FIN，各占 1 位，分别表示紧急指针、接收确认、尽快发送、复位连接、连接同步、释放连接。
- 窗口：占 2 个字节，用于通知对方自己接收窗口的大小，该窗口值决定了对方现在可发送的最大数据量。这个窗口值是动态变化着的，TCP 就是利用动态变化窗口值进行流量控制的。
- 检验和：占 2 个字节，用于检查整个 TCP 报文段。与 UDP 一样，TCP 在计算机校验和时也要加上伪首部。伪首部格式与 UDP 伪首部格式相同，但应把 UDP 伪首部第 4 个字段中的 17 改为 6（TCP 协议号是 6），把第 5 个字段中的 UDP 长度改为 TCP 长度。
- 紧急指针：占 2 个字节，与 URG 配合使用，指出本报文段中紧急数据的字节数。
- 选项：长度可变，最长为 40 个字节。不使用选项时，TCP 首部是 20 个字节。

# 3.6 应用层

## 3.6.1 应用层的定义及功能

应用层是网络体系中的最高层，它为用户的应用进程访问网络提供服务，是应用进程与网络环境的软接口。网络应用多种多样，如电子邮件、Web 服务、域名系统、即时通信、IP 电话、多用户网络游戏和实时视频会议等。相信随着网络的不断发展，新的应用还会不断出现。

各种应用进程之间该通过什么样的协议实现通信呢？

由于应用进程的多样性，很难设计出一种或两种通用的应用层协议来为众多的应用进程服务。因此，与前面讲过的其他层不同，应用层协议有多个，每个应用层协议都是为了解决某一种具体应用而设计的。应用层的具体内容就是规定应用进程在通信时所遵循的协议。

## 3.6.2 Internet 中典型的应用层协议

表 3-7 给出的是 Internet 上几种典型的应用及它们所使用的应用层协议。本书第 5 章中将详细介绍 DNS、HTTP 以及 FTP 等协议内容，故在此不再赘述。

表 3-7 Internet 典型应用及其应用层协议

| 应 用 | 应用层协议 | 应 用 | 应用层协议 |
| --- | --- | --- | --- |
| 电子邮件 | SMTP | 视频会议 | RTP |
| Web 服务 | HTTP | 远程终端访问 | Telnet |
| 文件传输 | FTP | IP 动态配置 | DHCP |
| 域名系统 | DNS | | |

# 习 题

**一、填空题**

1. Internet 采用的网络体系结构是_____。

2. TCP/IP 传输层使用_____来标识应用进程。

3. 数据链路层利用_____层提供的比特流传输服务，以_____为数据单位，为其上一层_____层提供无差错的透明传输服务。

4. IP 电话基于传输层的_____协议实现，而 Web 服务基于传输层的_____协议实现。

5. 最初的编址机制中将 IP 地址分成 A、B、C、D、E 五类，在 Internet 上主机所分配的 IP 地址必须是_____类、_____类和_____类。

6. 完成 IP 地址到物理地址解析功能的协议是_____协议。

7. Internet 采用了两段寻址方式，首先根据_____地址找到目的主机所在的网络，然后，再根据_____地址将数据分组交到目的主机。

8. 计算机网络从逻辑上分为通信子网和资源子网两大部分，网络层属于_____，传输层属于_____。

**二、判断题**

1. 物理层指的就是通信设备及传输媒介。 （　　　）
2. 网络协议就是互相通信的同一层实体交换信息时必须遵守的规则及约定。 （　　　）
3. 数据链路层保证了数据的无差错传输，因此高层就不用再进行差错控制。 （　　　）
4. 网络层根据 IP 数据报中的目标 IP 地址，将数据报送到目的应用进程。 （　　　）
5. Internet 上的主机必须有一个唯一的 IP 地址。 （　　　）
6. Internet 上的主机只能配置一个 IP 地址。 （　　　）
7. TCP/IP 是一个网络协议。 （　　　）
8. OSI 参考模型是国际标准，因此目前的网络产品都遵循该标准。 （　　　）

**三、单项选择题**

1. TCP/IP 参考模型的最高层是（　　　）。
   A. 物理层　　　　　B. 网络层　　　　　C. 传输层　　　　　D. 应用层

2. 在 OSI 参考模型中，（　　　）规定了通信设备与传输媒体之间的接口规则。
   A. 物理层　　　　　B. 网络层　　　　　C. 传输层　　　　　D. 数据链路层

3. Internet 个人用户机接入 Internet 使用的数据链路层协议是（　　　）。
   A. PPP　　　　　　B. HTTP　　　　　C. TCP　　　　　　D. IP

4. IPv4 中的 IP 地址长度是（　　　）位二进制数。
   A. 8　　　　　　　B. 16　　　　　　　C. 32　　　　　　　D. 128

5. 某主机发送一 IP 数据包，若包中目的 IP 地址为全"1"，表示（　　　）。
   A. 回送 IP 地址　　　　　　　　　　　　B. 表示专用 IP 地址
   C. 表示向 Internet 广播　　　　　　　　D. 表示向主机所在的网络广播

6. 某 IP 地址是 202.118.80.2，这是一个（　　　）IP 地址。
   A. A 类　　　　　　B. B 类　　　　　　C. C 类　　　　　　D. D 类

7. 以下（　　　）不是网络互联设备。
   A. 路由器　　　　　B. 交换机　　　　　C. Hub　　　　　　D. 网卡

8. 完成应用进程到应用进程通信的是（　　　）。
   A. 网络层　　　　　B. 应用层　　　　　C. 数据链路层　　　D. 传输层

9. TCP/IP 传输层有两个协议，下面描述正确的是（　　　）。
   A. 面向连接的 TCP 和无连接的 UDP　　　B. 无连接的 TCP 和面向连接的 UDP
   C. 面向连接的 TCP 和面向连接的 UDP　　　D. 无连接的 TCP 和无连接的 UDP

10. 下面 IP 地址中，不能将（　　　）分配给 Internet 公网中的主机使用。
    A. 172.23.201.8　　B. 202.118.88.66　　C. 20.09.20.10　　D. 221.201.147.71

11. TCP/IP 体系中，使用（　　　）来标识计算机中的应用进程。
    A. IP 地址　　　　　B. MAC 地址　　　　C. 端口号　　　　　D. 协议

12. 当两个不同网号的网络进行互联时，应采用（　　　）。
    A. Hub　　　　　　B. 网桥　　　　　　C. 中继器　　　　　D. 路由器

13. 以下（　　　）协议实现了网络互联。
    A. HTTP　　　　　B. IP　　　　　　　C. TCP　　　　　　D. PPP

14. 一个 CIDR 地址块为 202.118.64.0/20，该地址块可以分配给主机的 IP 地址数为（　　）。

  A. 20      B. 12      C. 4 094      D. 254

## 四、简答题

1. 什么是计算机网络体系结构？有哪两种典型的网络体系结构？

2. 如何理解 OSI 参考模型中的物理层？

3. 数据链路层都有哪些功能？

4. TCP/IP 的 IP 协议只对数据报首部进行检测，为什么？

5. 如何理解"IP 协议是不可靠的，尽最大努力交付服务"这句话？

6. 物理地址和 IP 地址有什么不同？

7. 以发送和接收电子邮件为例，简述网络通信时信息传输的过程。

8. 在 TCP/IP 体系结构中，TCP 属于哪一层协议？其适合于什么样的场合？

9. UDP 协议属于 TCP/IP 体系结构中哪一层协议？其适合于什么样的场合？

10. 一个大型跨国公司的管理者从网络管理中心获得一个 A 类 IP 地址 121.0.0.0；需要划分 1000 个子网。请问该如何进行子网划分？

# 第4章　局域网原理和技术

## 4.1　局域网概述

### 4.1.1　局域网的定义

20世纪70年代后期，当大多数企业仍然在使用网络主机时，计算设施发生了两项变化。首先，企业中的计算机数量普遍增多，从而导致流量增加。其次，一些从事工程的、熟悉计算机的用户开始用其自己的工作站工作，他们要求公司的信息管理部门提供连接到主机的网络。这些变化给企业网络带来了新的挑战。流量的增加，使得企业又重新考虑所有这些产生业务流的信息是如何使用的。它们发现，大约80%的信息来自企业内部，只有20%的信息需要和企业以外的站点交换。因此，需要一个着重解决有限地理范围内通信的网络，于是就有了局域网（Local Area Network，LAN）。

从网络的作用范围来看，局域网是一种使小区域内（几千米左右）的各种通信设备互联在一起的计算机网络。局域网由连接各个主机及各工作站的软件和硬件组成，主要功能是实现资源共享、数据传输、信息交换和各种综合信息服务等。

### 4.1.2　局域网的特点

局域网是结构复杂程度最低的计算机网络，其主要特点概括如下。

（1）通信速率较高。局域网络通信传输速率为每秒百万比特（Mbit/s），从5Mbit/s、10Mbit/s、100Mbit/s到1000Mbit/s的千兆以太网等。

（2）通常属于某一部门、单位或企业所有。LAN的范围和高速传输使它适用于一个部门的管理。在设计、安装、操作使用时由单位统一考虑、全面规划，不受公用网络的约束。

（3）可靠性高，通信质量好，传输误码率低，位错率通常在$10^{-12} \sim 10^{-7}$。

（4）支持多种通信传输介质。根据网络本身的性能要求，局域网中可使用多种通信介质，例如双绞线、同轴电缆、光纤及无线传输等。

（5）共享传输信道。在局域网中通常将低速或高速的外部设备连接到一条共享传输介质上，其传输信道由接入网络中的所有设备共享。

（6）大多采用分布式控制和广播式通信。在局域网中各节点是平等关系而不是主从关系，可以进行广播（一个节点发送，所有节点接收）和组播（一个节点发送，多个节点接收）。

（7）局域网成本低，安装、扩充及维护方便。局域网一般使用价格低而功能强的工作站。在目前大量采用的星型结构局域网中，扩充服务器、工作站等十分方便，某些站点出现故障时整个网络仍可以正常工作。

### 4.1.3  局域网的组成和实现过程

局域网的组成包括网络硬件和网络软件两大部分。局域网的网络软件主要包括协议软件和网络操作系统。目前在个人计算机上最流行的就是 Windows 操作系统，可以轻松完成局域网的组建。网络硬件主要包括网络服务器、工作站、外设、网络接口卡和传输介质，以及网络互联设备（如集线器、交换机、路由器等）。

在局域网的组建过程中，涉及的计算机网络技术和主要实现过程如下。

（1）选择计算机网络拓扑结构。

（2）选择计算机网络通信协议。

（3）选择计算机网络传输介质。

（4）选择计算机网络互联设备。

（5）选择网络操作系统、服务器及其他相关的软件和硬件。

（6）遵循计算机网络布线标准，完成网络布线。

（7）进行网络系统整体调试。

## 4.2  局域网关键技术

### 4.2.1  局域网拓扑结构

局域网的拓扑结构指网络中节点和通信线路的几何形状，它对整个网络的设计、功能、经济性和可靠性都有影响。局域网的拓扑结构有多种，其中总线型、环型和星型被认为是最基本结构类型。从拓扑结构来看，网络内部的主机、终端和交换机都可以称为节点。现在的局域网最常用的物理拓扑结构是星型，最常用的逻辑拓扑结构是总线型（逻辑拓扑是指站点之间是如何交换信号的）。

总线型结构通常采用广播式信道，即网上的一个节点（主机）发信时，其他节点均能按照访问控制原则在总线上侦听、发送和接收总线上的信息。其优点是安装简单、易于扩充、可靠性高，一个节点损坏，不会影响整个网络工作，但由于共用一条总线，所以要解决两个节点同时向一个节点发送信息的碰撞问题，这对实时性要求较高的场合不太适用。另外，电缆的故障更是会影响到很多用户，并且在流量很大时网络吞吐率将会下降，如图 4-1 所示。

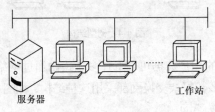

服务器　　　　　　　　　　工作站

图 4-1　总线型结构

环型结构采用点到点通信，即一个网络节点将信号沿一定方向传送到下一个网络节点在环内依次高速传输。环型拓扑结构的一个优点是能够将信号传送到较远的距离，这是因为每个站点都可以再生信号。这种结构还易于实现分布式控制，而且所有的计算机都拥有平等的访问权。环型结构的另一个优点是时间延迟固定，信息吞吐量大，网的周长可达 200km，节点可达几百个。不过由于环型结构是封闭的，所以扩充不便；另外，一旦网络中某一节点出现故障，将导致整个网络失效，且故障位置不易确定，如图 4-2 所示。

星型结构中有一中心节点（集线器 Hub），执行数据交换网络控制功能。这种结构易于实现故障隔离和定位，不过一旦中心节点出现故障，将导致网络失效。星型结构的优点是易于故障隔离、易于旁路和修复故障点，而且性价比较高。和其他拓扑结构相比，星型拓扑的网络在变更或增加新的计算机方面较为容易。其缺点是需要大量的电缆来连接所有的站点，而且当集线器发生故障时，整个网络将面临崩溃，如图 4-3 所示。

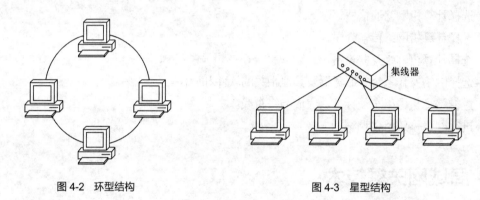

图 4-2　环型结构　　　　　　　　　　图 4-3　星型结构

树型结构的连接方法像树一样从顶部开始向下逐步分层分叉，有时也称其为层次型结构。树型结构是总线型结构的延伸，它是一个分层分支的结构。一个分支或节点故障不影响其他分支和节点的正常工作。像总线型结构一样，它也是一种广播式网络。任何一个节点发送的信息，其他节点都能接收。但树型结构的缺点是线路利用率不如总线型结构高。这种结构中执行网络控制功能的节点常处于树的顶点，在树枝上很容易增加节点，扩大网络，但同样存在瓶颈问题，如图 4-4 所示。

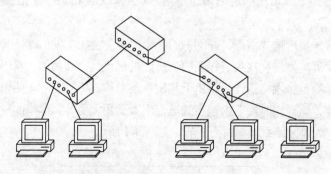

图 4-4　树型结构

网状型结构的特点是节点的用户数据可以选择多条路由通过网络，网络的可靠性高，但网状型结构和协议比较复杂，目前大多数复杂交换网都采用这种结构，如图 4-5 所示。当网络节点为交换中心时，常将交换中心互联成全连通网。

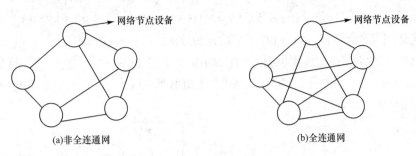

(a)非全连通网　　　　　　　　　　(b)全连通网

图 4-5　网状型结构

## 4.2.2　局域网的体系结构与标准

美国 IEEE 于 1980 年 2 月专门成立了局域网课题研究组，对局域网制定了美国国家标准，并把它提交国际标准化组织（ISO）作为国际标准的草案，1984 年 3 月得到 ISO 的采纳。IEEE 802 模型与 OSI 参考模型对应关系如图 4-6 所示。

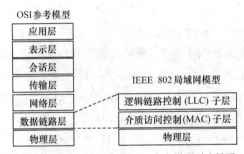

图 4-6　IEEE 802 模型与 OSI 参考模型对应关系

局域网的 IEEE 802 模型是在 OSI 的物理层和数据链路层实现基本通信功能的。为了使数据链路层能更好地适应多种局域网标准，IEEE 802 数据链路层又分为逻辑链路控制（Logic Link Control，LLC）子层和介质访问控制（Media Access Control，MAC）子层。

### 1.　物理层

物理层的主要功能包括：信号的编码和译码；同步用的前同步码的产生和去除；比特流的传输和接收等。

### 2.　MAC 子层

局域网中与接入各种传输媒体有关的问题都放在 MAC 子层，而且 MAC 子层还负责在物理层的基础上实现无差错的通信。MAC 子层的主要功能是：MAC 帧的封装与拆卸、实现和维护各种 MAC 协议、比特流差错检测、寻址等。

### 3.　LLC 子层

数据链路层中与媒体接入无关的部分都集中在 LLC 子层，其主要功能是：数据链路的建立和释放、LLC 帧的封装和拆卸、差错控制、提供与高层的接口等。

从局域网的体系结构可以看出，局域网数据链路层有两种不同的数据单元：LLC 帧和 MAC 帧。通常提到"帧"时是指 MAC 帧，而不是 LLC 帧。

LLC 帧和 MAC 帧的关系如图 4-7 所示。由于它封装在 MAC 帧中，所以 LLC 帧中无标志字段和校验序列字段，只有 4 个字段（目的服务访问点（DSAP）、源服务访问点（SSAP）、控制字段和信息字段）。服务访问点 SAP 实际上是 LLC 子层的逻辑地址，简称 SAP 地址。一个主机的 LLC 子层上设有多个 SAP，以便向多个进程提供服务，比如主机 A 到主机 B 方向现在同时有两个进程，这两个进程分别通过主机 A 的 LLC 子层的两个 SAP 与主机 B 的 LLC 子层的两个 SAP 建立连接，因此这两个进程可以同时进行。

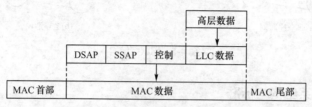

图 4-7　LLC 帧和 MAC 帧的关系

由于 IEEE 802 规定了不同 MAC 子层协议，其 MAC 帧的帧格式各不相同，但不管哪一种 MAC 协议，都具有 MAC 地址，即每个站的物理地址。随着局域网的互联，在各地的局域网中的站必须具有互不相同的物理地址，同时为了使用户买到网卡就能把计算机连到局域网上工作，IEEE 802 标准规定将 MAC 地址固化在网卡中，采用 48bit（6 个字节）的地址字段，其中前 3 个字节（高 24 位）由 IEEE 统一分配，世界上凡是生产网卡的厂家都必须向 IEEE 购买这 3 个字节构成的一个号，又称"地址块"，地址字段的后 3 个字节（低 24 位）由厂家自行分配。在局域网中，MAC 地址的作用就是用来找到所要进行通信的计算机，网卡从网上每收到一个 MAC 帧，首先检查其 MAC 地址，如果是发往本站的帧就收下，然后进行其他处理。这里包括以下三种帧：

- 单播帧：收到的帧的 MAC 地址与本站的 MAC 地址相同；
- 广播帧：发送给所有站的帧（全"1"地址）；
- 多播帧：发送给一部分站的帧。

IEEE 802 委员会为局域网制定的 IEEE 802 标准是随着局域网的发展不断完善的标准系列，目前 IEEE 802 委员会已制定了如下 15 个标准。

（1）802.1：概述、体系结构和网络互联，以及网络管理和性能测量。

（2）802.2：逻辑链路控制。这是高层协议与任何一种局域网 MAC 子层的接口。

（3）802.3：CSMA/CD。定义 CSMA/CD 总线网的 MAC 子层和物理层的规约。

（4）802.4：令牌总线网。定义令牌总线网的 MAC 子层和物理层规约。

（5）802.5：令牌环型网。定义令牌环型网的 MAC 子层和物理层规约。

（6）802.6：城域网 WAN。定义 WAN 的 MAC 子层和物理层规约。

（7）802.7：宽带技术。

（8）802.8：光纤技术。

（9）802.9：综合话音数据局域网。

（10）802.10：可互操作的局域网的安全。

（11）802.11：无线局域网。

（12）802.12：优先级高速局域网（100 Mbit/s）。

（13）802.14：电缆电视（Cable-TV）。

（14）802.15：无线个人区域网络(Wireless Personal Area Network，WPAN)。

（15）802.16：无线宽带接入标准。

## 4.2.3 介质访问控制技术

由于局域网是由一组共享网络传输带宽的设备组成，因此就需要某种手段来控制对传输介质的访问，以保证有序、有效且公平合理地使用网络传输带宽。介质访问控制技术就是控制网络中各个节点之间信息的合理传输、对信道进行合理分配的方法。

介质访问控制技术根据控制方式不同可以分为：静态划分信道技术和动态介质接入控制。其中，静态划分信道技术是将介质划分为彼此独立的信道后由特定的用户专用这些信道。其适用于站点产生稳定的信息流，从而能够有效利用专用信道的场合。动态介质接入控制能较好地适应用户业务量突发的情况，适合局域网使用。其有三种基本方式：循环、预约和争用。图 4-8 是介质访问控制方式。

### 1. 循环

在循环方式中，每个站轮流有发送机会。在轮到某个站发送时，它最少可以不发送，最多可以发送事先规定的最大上限。一旦该站完成当前一轮的发送，它将取消自己的发送资格，而把发送权传送到逻辑序列上的下一个站。发送次序的控制既可以是集中式的（如轮询法），也可以是分布式的（如令牌法）。当很多站都有需要延续一段时间发送的数据或需要

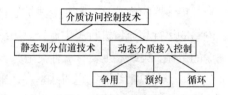

图 4-8 介质访问控制方式

发送数据的站是可以预测的时候，循环发送技术很有效。但当仅有少数站需要发送数据或发送数据的站是不可以预测的时候，循环接入方式就会造成大量不必要的开销。在这种情况下，就需要根据数据量特征是以流通信为基础，还是以突发通信为基础的不同而使用不同的技术。其中，流通信的持续时间长，通信量大，如话音通信、大批文件传输；突发通信则是以短的、零星的传输方式为特征。

### 2. 预约

预约技术适用于流通信，类似同步时分复用方法把占用媒体的时间细分为时隙。需要发送数据的站首先要预约未来的时隙，申请后续传输的时间片。预约控制既可以是集中式的，也可以是分布式的。

### 3. 争用

争用技术通常适用于突发通信。在争用方式下，不事先确定站占用媒体的机会，而是让所有站以同样的方式竞争占用媒体。其主要优点是实现简单，网络负荷小的情况下比较适用。

表 4-1 列出了一些在局域网和城域网标准中定义的介质访问控制技术。目前应用最广的一类总线型局域网以太网上采用的是载波侦听多路访问/冲突检测方法（Carrier Sense Multiple Access/Collision Detect，CSMA/CD）。

表 4-1　标准化的介质访问控制技术

| 方　式 | 总线型拓扑 | 环型拓扑 | 星型拓扑 |
|---|---|---|---|
| 循环 | 令牌总线（IEEE 802.4）<br>轮询（IEEE 802.11） | 令牌环（IEEE 802.5） | 请求/优先级（IEEE 802.12） |
| 预约 | 分布队列双总线（IEEE 802.6） | | |
| 争用 | CSMA/CD（IEEE 802.3）<br>CSMA/CA（IEEE 802.11） | | CSMA/CD（IEEE 802.3） |

### 4.2.4　网络互联设备

根据 OSI 的分层模式，计算机局部网之间的互联分为 4 个层次，即物理层、数据链路层、网络层和传输层。实现这些不同层上互联的硬件分别有中继器、网桥、路由器和网关。

**1. 中继器及集线器**

如图 4-9 所示，中继器工作在 OSI 的物理层。中继器的作用是放大通过网络传输的数据信号，用于扩展局部网的作用范围。采用中继器所连接的网络，在逻辑功能方面是同一个网络。中继器仅仅起了扩展距离的作用，但它不能提供隔离功能。中继器的主要优点是安装简单，使用方便，几乎不需要维护。集线器也是一种中继器。

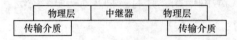

图 4-9　中继器在 OSI 参考模型中的层次结构

集线器的优点是容易改变或扩展布线系统，它使用不同的端口来适应不同类型的线缆，并且对网络的运行和流量进行集中监控。集线器将接到工作站的线缆集中起来，它是大多数网络中不可缺少的组件。集线器主要有三种类型。

（1）有源集线器：也叫共享媒体集线器，可以再生和转发信号，就像中继器一样，因为集线器一般有多个连接计算机的端口，因此有时也把集线器称作多端口中继器。这种集线器需要电源。

（2）无源集线器：无源集线器只是作为一个连接点，它不会再生信号，信号仅仅经过集线器。这种集线器不需要电源。配线板和分线盒都属于无源集线器。

（3）智能集线器：也叫交换集线器。智能集线器能提供一组工作站之间的连接。这些智能集线器又可以通过一个骨干网连接起来，以便实现不同的工作组之间的通信。智能集线器还与骨干路由器相连，通过骨干路由器实现广域的连接。

**2. 网桥**

网桥（Bridge）也称桥接器，是数据链路层的网络互联设备（准确地说它工作在 MAC 子层上），如图 4-10 所示。网桥可以将相同或不相同的局域网连在一起，在相互连接的两个局域网之间，网桥起到了转发帧的作用，它允许每个局域网上的站点与其他站点进行通信，看起来就像在一个扩展网络上一样。它不但能扩展网络的距离或范围，而且可提高网络的性能、可靠性和安全性。

图 4-10　网桥在 OSI 参考模型中的层次结构

为了有效地转发数据帧，网桥提供了存储和转发功能，它自动存储接收进来的帧，通过转发表决定将该帧转发到哪一个接口，或者是把它丢弃（过滤）。概括起来，网桥的主要功能如下。

（1）目的地址过滤：当网桥从网络上接收到一个帧后，首先确定其源地址和目的地址，如果源地址和目的地址处于同一局域网中，就简单地将其丢弃，否则就转发到另一局域网上，这就是所谓的目的地址过滤。

（2）源地址过滤：所谓源地址过滤，就是根据需要，拒绝某一特定地址帧的转发，这个特定的地址是无法从转发表中取得的，但是可以由网络管理模块提供。事实上，并非所有网桥都进行源地址的过滤。

（3）协议过滤：目前有些网桥还能提供协议过滤功能，它类似于源地址过滤，由网络管理指示网桥过滤指定的协议帧。在这种情况下，网桥根据帧的协议信息来决定是转发还是过滤该帧，这样的过滤通常只用于控制流量、隔离系统和为网络系统提供安全保护。

### 3. 路由器

路由器是网络层的网络互联设备，如图 4-11 所示。路由器中存放着一个路由表，根据它决定用户数据的流向。路由器可以用于连接多个网络和多种传输介质，适用于复杂和大型的网络互联。由于路由器工作在网络层，所以网络层以下的低层协议不能使用。概括起来，路由器的主要功能如下。

图 4-11 路由器在 OSI 参考模型中的层次结构

（1）路径选择：选择最佳路径，均衡网络负载。路由器利用路由表为数据传输选择路径，路由表包含网络地址、子网掩码及下一跳地址等内容，路由器利用路由表查找数据包从当前位置到目的地址的正确路径。路由器使用最少时间算法或最优路径算法来调整信息传递的路径，如果某一路径发生故障或堵塞，路由器可选择另一条路径，以保证信息的正常传输。

（2）过滤功能：根据分组的源 IP 地址、目的 IP 地址、协议类型等信息判断分组是否应当转发，滤出不该转发的信息，提高网络安全保密性。

（3）分割子网：为了管理网络，一般要根据用户的业务范围，利用路由器将大型的网络划分成多个子网。网桥可以将相同或不相同的局域网连在一起，但网桥所具有的功能，路由器都有，在网络上路由器本身有自己的网络地址，而网桥没有。由网桥连接的网络仍然是一个逻辑网络，而路由器则将网络分成若干个逻辑子网。Internet 由各种各样的网络构成，路由器是一种非常重要的组成部分，整个 Internet 上的路由器不计其数。Intranet 要并入 Internet，兼作 Internet 服务，路由器是必不可少的组件。

### 4. 网关

网关用于两个完全不同的网络互联。网关工作在 OSI 的高三层，即会话层、表示层和应用层，如图 4-12 所示。网关的重要特点是具有协议转换功能，也就是把一种网络协议转换到另一种协议，并且还保留原有的功能。所以网关也称为协议转换器。

在互联设备中，网关最为复杂，一般只能进行一对一的转换，或是少数几种特定应用协议的转换。网关一般是一种软件产品，主要用于通用的网络系统，如电子邮件等。由于网关提供一种协议到另一种协议的转换功能，因此它的效率比较低，透明性不好，但更具有针对性。目前，网关已成为网络上每个用户都能访问大型主机的通用工具。

图 4-12　网关在 OSI 参考模型中的层次结构

# 4.3　以太网

## 4.3.1　以太网概述

以太网是一种使用逻辑总线型拓扑和载波侦听多路访问/冲突检测（CSMA/CD）的差错检测和恢复技术的局域网。它采用基带传输，从最初的同轴电缆上的共享 10Mbit/s 传输技术，发展到现在的双绞线和光纤上的 100Mbit/s 甚至 1Gbit/s 的传输技术和交换技术等，应用非常广泛。

以太网（Ethernet）最初是美国 Xerox 公司和斯坦福大学合作于 1975 年推出的一种局域网。后来由于微机的快速发展，DEC、Intel、Xerox 三家公司合作于 1980 年 9 月第一次公布 Ethernet 物理层和数据链路层的规范，也称 DIX 规范。IEEE 802.3 就是以 DIX 规范为主要来源而制定的以太网标准，目前已成为国际流行的局域网标准之一。

通常所说的以太网主要是指以下三种不同的局域网技术。

### 1.　标准以太网/IEEE 802.3

最初以太网只有 10Mbit/s 的吞吐量，使用 CSMA／CD 的访问控制方法，通常把这种最早期的 10Mbit/s 以太网称之为标准以太网。所有的以太网都遵循 IEEE 802.3 标准，下面列出的是 IEEE 802.3 的一些以太网标准，在这些标准中前面的数字表示传输速率，单位是 Mbit/s，最后一个数字表示单段网线长度（基准单位是 100m），BASE 表示"基带"的意思，BROAD 代表"宽带"。

（1）10BASE-5：使用粗同轴电缆，最大网段长度为 500m，基带传输方法。

（2）10BASE-2：使用细同轴电缆，最大网段长度为 185m，基带传输方法。

（3）10BASE-T：使用双绞线电缆，最大网段长度为 100m。

（4）10BROAD-36：使用同轴电缆（RG-59／U CATV），最大网段长度为 3600m，是一种宽带传输方式。

（5）10BASE-F：使用光纤传输介质，传输速率为 10Mbit/s。

### 2.　100Mbit/s 以太网

100Mbit/s 以太网又称为快速以太网，通常采用双绞线作为网络媒体，传输速率达到 100Mbit/s。100Mbit/s 快速以太网标准又分为：100BASE-TX、100BASE-FX、100BASE-T4 三个子类。

（1）100BASE－TX：使用 5 类数据级无屏蔽双绞线或屏蔽双绞线。它使用两对双绞线，一对用于发送，一对用于接收数据。在传输中信号频率为 125MHz。它的最大网段长度为 100m。

（2）100BASE－FX：使用光缆的快速以太网技术。可使用单模和多模光纤（62.5μm 和 125μm）。

在传输中信号频率为 125MHz。它的最大网段长度为 150m、412m、2000m 或更长至 10km。

（3）100BASE－T4：使用 3、4、5 类无屏蔽双绞线或屏蔽双绞线。它使用 4 对双绞线，其中的三对用于在 33MHz 频率上传输数据，每一对均工作于半双工模式。最大网段长度为 100m。

### 3. 1000Mbit/s 以太网

1000Mbit/s 以太网又称为千兆以太网，通常采用光缆或双绞线作为网络媒体，传输速率达到 1000Mbit/s（1Gbit/s）。IEEE802.3z 工作组负责制定光纤（单模或多模）和同轴电缆的全双工链路标准，规定了下列千兆以太网标准。

（1）1000Base-SX：只支持多模光纤，可以采用直径为 62.5μm 或 50μm 的多模光纤，工作波长为 770～860nm，传输距离为 220～550m。

（2）1000Base-LX：可以支持直径为 9μm 或 10μm 的单模光纤，工作波长范围为 1270～1355nm，传输距离为 5km 左右。

（3）1000Base-CX：采用 150Ω 屏蔽双绞线（STP），传输距离为 25m。

### 4. 10Gbit/s 以太网

万兆以太网规范包含在 IEEE 802.3 标准的补充标准 IEEE 802.3ae 中，它扩展了 IEEE 802.3 协议和 MAC 规范，使其支持 10Gbit/s 的传输速率。相关标准如下。

（1）10GBASE-SR 和 10GBASE-SW：支持短波（850nm）多模光纤（MMF），光纤距离为 2～300m。

（2）10GBASE-LR 和 10GBASE-LW：支持长波（1310nm）单模光纤（SMF），光纤距离为 2～10km。

（3）10GBASE-ER 和 10GBASE-EW：支持超长波（1550nm）单模光纤（SMF），光纤距离为 2～40km。

## 4.3.2　以太网的介质访问控制技术 CSMA/CD

以太网采用的是逻辑总线型的拓扑结构，而在这种结构中，应用最广泛的介质访问控制技术就是 CSMA/CD。CSMA/CD 是一种争用型的介质访问控制协议，其核心是解决在公共通道上以广播方式传送数据中可能出现的问题（主要是数据碰撞问题）。这一技术成为以太网的基础。CSMA/CD 是基于一种假设：两站间的信息传播时间远小于帧的发送持续时间。在这种情况下，当一个站发送信息时，其他站立即就会知道。如果某个站想要发送信息，而这时它监测到有其他站在发送信息，它就会等这个站发送完再发。这样只有在两个站几乎同时发送信息时，才会产生冲突。而这种情况会很少产生，因此就大大降低了冲突的概率。

在 CSMA/CD 中存在一个显著低效的情况：当两个帧发生冲突时，在两个被破坏帧的发送持续时间内，信道是无法使用的。这样当帧越长，所浪费的带宽就越大。如果在发送时可以继续监听信道，就可以减少这种浪费，这就是 CSMA/CD，如图 4-13 所示。

CSMA/CD 的控制过程包含四个处理内容：侦听、发送、检测和冲突处理。

### 1. 侦听

通过专门的检测机构，在站点准备发送前先侦听一下总线上是否有数据正在传送（线路是否忙），若"忙"则进入后述的"退避"处理程序，进而进一步反复进行侦听工作。若"闲"，则按照一定的算法原则（"X 坚持"算法）决定如何发送。

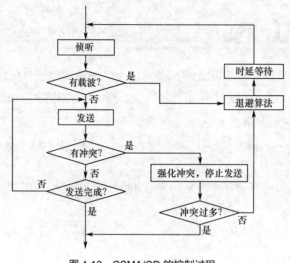

图 4-13　CSMA/CD 的控制过程

### 2. 发送

当确定要发送后，通过发送机构，向总线发送数据。

### 3. 检测

数据发送后可能发生数据碰撞。要对数据边发送边检测，以判断是否冲突了。

### 4. 冲突处理

当确认发生冲突后，进入冲突处理程序。若在侦听中发现线路忙，则等待一个延时后再次侦听，若仍然忙，则继续延时等待，一直到可以发送为止。每次延时的时间不一致，由退避算法确定延时值；若发送过程中发现数据碰撞，先发送阻塞信息，强化冲突，再进行侦听工作，以待下次重新发送。

对于基带总线来说，冲突发生时，会产生一个比正常发送的电压更高的摆动，因此，如果某个站在发送端检测到电缆上的信号值超过了单独发送所能产生的最大值，就认为发生了冲突。由于信号在传输过程中会产生衰减，因此，当两个站离得很远的时候，由于衰减的原因，会导致冲突信号的强度无法超过冲突检测的门限值。所以，IEEE 规定，限制 10BASE-5 同轴电缆的长度最长不超过 500m，10BASE-2 同轴电缆的长度最长不超过 185m。

## 4.3.3　几种常见的以太网

### 1. 10BASE–T 双绞线以太网

10BASE-T 是 1990 年由 IEEE 认可的，编号为 IEEE 802.3i，T 表示采用双绞线。10BASE-T 采用的是非屏蔽双绞线。由于非屏蔽双绞线的高数据率和低的传输质量，因此链路的长度限制在 100m。如果采用光纤链路，最大长度是 500m。10BASE-T 的主要技术特性如下。

- 数据传输速率为 10Mbit/s 基带传输。
- 每段双绞线最大长度为 100m（Hub 与工作站间及两个 Hub 之间）。
- 一条通路允许连接 Hub 数 4 个。

- 拓扑结构采用星型或总线型。
- 访问控制方式为 CSMA/CD。
- 帧长度可变，最大 1518 个字节。
- 最大传输距离为 500m。
- 每个 Hub 可连接的工作站为 96 个。

10BASE-T 的连接主要以集线器 Hub 作为枢纽，工作站通过网卡的 RJ-45 插座与 RJ-45 接头相连，另一端 Hub 的端口都可供 RJ-45 的接头插入，装拆非常方便。10BASE-T 由于安装方便，价格比粗缆和细缆都便宜，管理、连接方便，性能优良，所以它一经问世就受到广泛的注意和大量的应用，归结起来，有如下特点。

- 网络建立和扩展十分灵活方便，可以根据每个 Hub 的端口数量和网络大小，选用不同端口的 Hub，构成所需网络；增减工作站可不中断整个网络工作。
- 可以预先和电话线统一布线，预先安装好 RJ-45 插座，所以改变网络布局十分容易。
- Hub 可将一个网络有效地分成若干互联的段，当发生故障时，管理人员可在较短时间内迅速查出故障点，提高故障排除的速度。
- 10BASE-T 网与 10BASE-2、10BASE-5 能很好兼容，所有标准以太网运行软件可不做修改能兼容运行。
- 在 Hub 上都设有粗缆的 AUI 接口和细缆的 BNC 接口，所以粗缆或细缆与双绞线 10BASE-T 网混合布线连接方便，使用场合较多。

2. 100BASE–T 快速以太网

100BASE-T 的信息包格式、包长度、差错控制及信息管理均与 10BASE-T 相同，但信息传输速率比 10BASE-T 提高了 10 倍。与 10BASE-T 不同的主要技术特性如下。

- 介质传输速率为 100Mbit/s 基带传输。
- 拓扑结构采用星型结构。
- 从集线器到节点最大距离为 100m（UTP）或 185m（光缆）。
- 两个 Hub 之间的允许距离＜5m。

100BASE-T 的特点如下。

- 性价比高：100BASE-T 约为 10BASE-T 价格的两倍，但在性能上可提高 10 倍。
- 升级容易：它与 10BASE-T 有很好的兼容性，对 10BASE-T 升级时，许多硬件线缆、接头可不必重新投资，只需对影响带宽的瓶颈部分进行设备更换。
- 移植方便：10BASE-T 上的一些管理软件、网络分析工具都可在 100BASE-T 上使用。
- 易于扩展：它可无缝地连接在 10BASE-T 的现有局域网中，还可通过交换机方便地与光纤分布式数据接口（FDDI）主干网相接。

3. 1000Mbit/s 以太网

千兆以太网是一种高速局域网，可以提供 1Gbit/s 的通信带宽，采用和传统 10/100Mbit/s 以太网同样的 CSMA/CD 协议、帧格式和帧长度，因此可以实现在原有低速以太网基础上平滑、连续性地网络升级，从而能最大限度地保护用户以前的投资。

图 4-14 是一个千兆以太网的典型应用。一个 1Gbit/s 的交换式集线器为中央服务器和高速工作组

提供与主干网的连接。每个工作组的集线器既支持以 1Gbit/s 的链路连接到主干网集线器上，来支持高性能的工作组服务器，同时又支持以 100Mbit/s 的链路连接到主干网集线器上，来支持高性能的工作站、服务器。

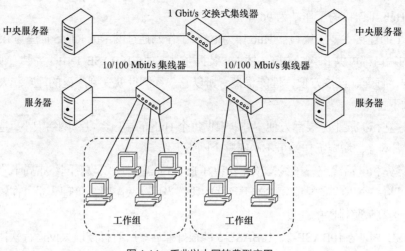

图 4-14　千兆以太网的典型应用

4. 10Gbit/s 以太网

随着 10Gbit/s 以太网标准（IEEE 802.3ae）的形成，人们相信以太网的应用范围必将得以从局域网延伸到城域网和广域网，于是光以太网概念被提出。在光以太网的众多技术中，10Gbit/s 以太网技术是目前受到业内人士高度关注的链路层技术，IEEE 已经于 2002 年 6 月正式发布了 802.3ae 标准，新的标准仍然采用 IEEE 802.3 以太网媒体访问控制（MAC）协议、帧格式和帧长度等技术指标。

10Gbit/s 以太网的优点是减少网络的复杂性，兼容现有的局域网技术并将其扩展到广域网，降低了系统费用，并提供更快、更新的数据业务。是一种融合 LAN、MAN、WAN 的一种链路技术，可构建端到端的以太网链路。归纳起来 10Gbit/s 以太网在 LAN、MAN、WAN 中的应用包括以下几方面。

• 局域网应用：这种应用是传统的局域网应用，针对运营商数据中心和企业网，包括骨干层中的 LAN 交换机上行 10Gbit/s 汇聚，服务器到交换机间的高速数据链路，数据中心服务器池的数据交换以及连接不同楼宇间的交换设备。

• 城域网应用：城域网应用可采用裸光纤和密集波分复用（Dense Wavelength Division Multiplexing，DWDM）设备两种传输形式，前者采用 10Gbit/s 路由交换机作为节点设备，直接采用城市中铺设的暗光纤，可直接构建格状网络（采用单模光纤）。后者通过 DWDM 设备支持的复用技术在单一的光纤上构建了多个 1Gbit/s（或更高）信道。

• 广域网应用：不同于传统的采用 ATM 交换机的组网方式，目前使用 ISP（Internet Service Provider）的电信级以太网交换机和 NSP（Network Service Provider）的 DWDM 光纤传输设备可以构建极具成本优势的以太网链路。

# 4.4 交换式以太网

## 4.4.1 交换式技术的发展过程

20 世纪 90 年代初，随着计算机性能的提高及通信量的骤增，传统的共享式局域网存在以下不足之处。

- 用户增多、负载增大时，网络性能急剧下降，网络带宽利用率低。
- 多媒体技术的广泛应用使得对带宽的要求迅速增大，共享式局域网难以满足其需求。
- 使用网络分段方法来提高网络带宽，只是权宜之计，并没有从根本上解决网络带宽问题，况且还要使用网桥等互联设备。

与共享式局域网相比，交换式局域网有许多的优点，比如：交换式局域网能为用户提供独占的、点到点的连接，大大降低了网络的传输延迟。交换式局域网不像共享式局域网（例如以太网）那样将报文分组广播到每个节点，而是在节点间沿指定的路由转发报文分组，因此，适用多对不同源节点与目的节点之间同时进行通信，互不干扰，不会发生冲突，从而大大提高了网络的带宽。目前，以太网、令牌环、FDDI、100BASE-T 和 ATM 局域网都有交换式局域网产品，其中以交换式以太网应用最为广泛。

## 4.4.2 交换式以太网的工作原理

要建立交换式局域网就必须用到以太网交换机。目前，国内外生产以太网交换机的厂商很多，主要有 3Com、Cisco、Intel、Bay 和 Networks 等。典型的交换式以太网的结构如图 4-15 所示，交换式局域网把"共享"变为"独享"，图 4-15 中每个工作组都独占 100Mbit/s 带宽。

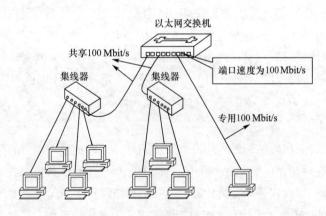

图 4-15  交换式以太网结构示意图

以太网交换技术（Switch）是在多端口网桥的基础上于 20 世纪 90 年代初发展起来的，所以可以将交换机理解为一个多端口网桥。由于交换机工作在数据链路层，因此传统上称为第二层交换。目前，交换技术已经延伸到 OSI 三层的部分功能，即所谓的三层交换。以太网交换机的工作原理为：当有一个帧到来时，以太网交换机会检查其目的 MAC 地址并对应查找自己的 MAC 地址表。如果表中存在帧的目的 MAC 地址则转发，如果不存在则以广播方式发送。广播后如果没有主机的 MAC 地址与帧的目的 MAC 地址相同，则丢弃该帧，反之则会将主机的 MAC 自动添加到其 MAC 地址表中。

### 4.4.3 交换式以太网的优点

以太网交换机能显著地增加带宽，从而大大提高了局域网的性能。概括来讲有如下优点。

（1）交换式以太网不需要改变网络其他硬件，包括电缆和用户的网卡，仅需要用交换式交换机代替共享式 Hub。

（2）可在高速与低速网络之间转换，实现不同网络的协同。目前大多数交换式以太网都具有 100Mbit/s 的端口，通过与之相对应的 100Mbit/s 的网卡接入到服务器上，暂时解决了 10Mbit/s 的瓶颈，成为局域网升级时首选的方案。

（3）它同时提供多个通道，比传统的共享式集线器提供更多的带宽。传统的共享式 10Mbit/s/100 Mbit/s 以太网采用广播式通信方式，每次只能在一对用户间进行通信，如果发生碰撞还得重试。而交换式以太网允许不同用户间进行传送，例如，一个 16 端口的以太网交换机允许 16 个站点在 8 条链路间通信。

（4）在时间响应方面的优点使得局域网交换机备受青睐。它以比路由器低的成本提供了比路由器高的带宽、高的速度，除非有使用广域网的要求，否则，交换机有替代路由器的趋势。

### 4.4.4 交换机主要工作方式

以太网交换机与电话交换机相似，除了提供存储转发（Store and Forward）方式外还提供了其他桥接技术，如直通方式（Cut Through）。以太网交换机主要采用以下三种交换方式。

#### 1. 直通方式

直通方式的以太网交换机可以理解为在各端口间是纵横交叉的线路矩阵电话交换机。它在输入端口检测到一个数据帧时，首先检查并获取帧的目的 MAC 地址，然后启动内部的动态查找表并在表中查找帧的目的 MAC 地址，最后把帧直接发送到相应的输出端口。其优点是：由于不需要存储，延迟非常小、交换非常快。其缺点是：因为数据帧的内容并没有被以太网交换机保存下来，所以无法检查所传送的数据帧是否有误；另外，由于没有缓存，不能将具有不同速率的输入/输出端口直接接通，并且当以太网交换机的端口增加时，交换矩阵变得越来越复杂，实现起来相当困难。

#### 2. 存储转发方式

存储转发方式是计算机网络领域应用最为广泛的方式，它把输入端口的数据帧先存储起来，然后进行 CRC 检查，在对错误包处理后才取出帧的目的 MAC 地址，通过查找表转换成输出端口并送出数据帧。其优点是：可以对进入交换机的数据帧进行错误检测，尤其重要的是它可以支持不同速度的输入/输出端口间的转换，保持高速端口与低速端口间的协同工作。其缺点是：进行数据处理时延时较大。

#### 3. 自适应（直通/存储转发）

交换机根据网络的状况自动更换数据交换方式。当网络性能好时，单位时间内出错的帧的概率小于某个阈值，采用"直通"的交换方式；当网络性能差时，单位时间内出错的帧的概率大于某个阈值，采用"存储转发"的交换方式。其特点是：可以提高交换机的数据交换速率。

# 4.5 虚拟局域网

虚拟局域网（Virtual Local Area Network，VLAN），是一种通过将局域网内的设备逻辑地而不是物理地划分成一个个网段，从而实现虚拟工作组的新兴数据交换技术。用交换机建立虚拟网就是使原来的一个大广播区（交换机的所有端口）逻辑地分为若干个"子广播区"，在子广播区里的广播只会在该广播区内传送，其他的广播区是收不到的。VLAN 通过交换技术将通信量进行有效分离，从而更好地利用带宽，并可以从逻辑的角度出发将实际的 LAN 基础设施分割成多个子网。

## 4.5.1 VLAN 概述

随着以太网技术的普及，以太网的规模也越来越大，网络管理变得越来越复杂。首先，在采用共享介质的以太网中，所有节点位于同一个冲突域中，同时也位于同一个广播域中，即一个节点向网络中某些节点的广播会被网络中所有的节点所接收，造成很大的带宽资源和主机处理能力的浪费。为了解决传统以太网的冲突域问题，采用了交换机来对网段进行逻辑划分。交换机虽然能解决冲突域问题，却不能克服广播域问题。当交换网络规模增加时，网络广播风暴问题可能会导致网络瘫痪。另外在传统的以太网中，同一个物理网段中的各个节点归属同一个逻辑工作组，可以直接相互通信，不同物理网段中的各个节点由于分属不同的逻辑工作组而不能直接相互通信。这样，当用户由于某种原因在网络中移动但同时还要继续原来的逻辑工作组时，就必然会需要进行新的网络连接乃至重新布线。为了解决上述问题，VLAN 应运而生。VLAN 是以局域网交换机为基础，通过交换机软件实现根据功能、部门和应用等因素将设备或用户组成虚拟工作组或逻辑网段的技术，其最大的特点是在组成逻辑网时无需考虑用户或设备在网络中的物理位置。

1996 年 3 月，IEEE 802 委员会发布了 IEEE 802.1QVLAN 标准。目前，该标准得到全世界重要网络厂商的支持。在 IEEE 802.1Q 标准中对 VLAN 是这样定义的：虚拟局域网是由一些局域网网段构成的与物理位置无关的逻辑组，而这些网段具有某些共同的需求。每一个 VLAN 的帧都有一个明确的标识符，指明发送这个帧的工作站是属于哪一个 VLAN。利用以太网交换机可以很方便地实现 VLAN。VLAN 其实只是局域网给用户提供的一种服务，并不是一种新型局域网。

## 4.5.2 VLAN 的分类

### 1. 基于端口的 VLAN

以局域网交换机的某些端口的集合作为 VLAN 的成员。这些集合有时只在单个局域网交换机上，有时则跨越多个局域网交换机。虚拟局域网的管理应用程序根据交换机端口的标识 ID，将不同的端口分到对应的分组中，分配到一个 VLAN 的各个端口上的所有站点都在一个广播域中，它们相互之间可以通信，不同的 VLAN 站点之间进行通信需经过路由器来进行。这种 VLAN 方式的优点在于容易实现，从一个端口发出的广播直接发送到 VLAN 内的其他端口，也便于直接监控。其缺点是自动化程度低，灵活性不好。例如，不能在给定的端口上支持一个以上的 VLAN；一个网络站点从一个端口移动到另一个新的端口时，如新端口与旧端口不属于同一个 VLAN，则用户必须对该站点重新进行网络地址配置。

### 2. 基于 MAC 地址的 VLAN

这种方式的 VLAN 要求交换机对站点的 MAC 地址和交换机端口进行跟踪，在新站点入网时，根据需要将其划归至某一个 VLAN。不论该站点在网络中怎样移动，由于其 MAC 地址保持不变，因此用户不需要对网络地址重新配置。所有的用户必须明确地分配给一个 VLAN，在这种初始化工作完成后，对用户的自动跟踪才成为可能。在一个大型网络中，要求网络管理人员将每个用户一一划分到某一个 VLAN 中，是十分烦琐的。

### 3. 基于网络层协议的 VLAN

这种方式是根据每个主机的网络层地址或协议类型（如果支持多协议）划分的。它虽然查看每个数据包的 IP 地址，但由于不是路由，所以没有 RIP、OSPF 等路由协议，而是根据生成树算法进行桥交换。这种方法的优点是用户的物理位置改变了，不需要重新配置其所属的 VLAN，而且可以根据协议类型来划分 VLAN，而且该方法不需要附加帧标签来识别 VLAN，这样可以减少网络的通信量。这种方法的缺点是效率低，因为检查每一个数据包的网络层地址是很费时的（相对于前面两种方法），一般的交换机芯片都可以自动检查网络上数据包的以太网帧头，但要让芯片能检查 IP 帧头需要更高的技术，同时也更费时。

### 4. 基于 IP 组播的 VLAN

IP 组播实际上也是一种 VLAN 的定义，即认为一个组播组就是一个 VLAN，这种划分的方法将 VLAN 扩大到了广域网，因此这种方法具有更大的灵活性，而且也很容易通过路由器进行扩展。当然这种方法不适合局域网，主要是效率不高，对于局域网的组播，有二层组播协议 GMRP。

目前所有 VLAN 均是通过交换机软件实现的。从实现的机制或策略划分，VLAN 分为静态 VLAN 和动态 VLAN。

（1）静态 VLAN

在静态 VLAN 中，由网络管理员根据交换机端口进行静态的 VALN 分配，当在交换机上将其某一个端口分配给一个 VLAN 时，将一直保持不变直到网络管理员改变这种配置，所以又被称为基于端口的 VLAN。基于端口的 VLAN 配置简单，网络的可监控性强。但缺乏足够的灵活性，当用户在网络中的位置发生变化时，必须由网络管理员将交换机端口重新进行配置。所以静态 VLAN 比较适合用户或设备位置相对稳定的网络环境。

（2）动态 VLAN

动态 VLAN 是指交换机上以联网用户的 MAC 地址、逻辑地址（如 IP 地址）或数据包协议等信息为基础，将交换机端口动态分配给 VLAN 的方式。当用户的主机连入交换机端口时，交换机通过检查 VLAN 管理数据库中相应的关于 MAC 地址、逻辑地址（如 IP 地址）或数据包协议的表项，以相应的数据库表项内容动态地配置相应的交换机端口。以基于 MAC 地址的动态 VLAN 为例，网络管理员首先需要在 VLAN 策略服务器上配置一个关于 MAC 地址与 VLAN 划分映射关系的数据库，当交换机初始化时将从 VLAN 策略服务器上下载关于 MAC 地址与 VLAN 划分关系的数据库文件，此时，若有一台主机连接到交换机的某个端口时，交换机将会检测该主机的 MAC 地址信息，然后查找 VLAN 管理数据库中的 MAC 地址表项，用相应的 VLAN 配置内容来配置这个端口。这种机制的好处在于只要用户的应用性质不变，并且其所使用的主机不变（严格地说，是使用的网卡不变），则用户在网络中移动时，并不需要对网络进行额外配置或管理。在使用 VLAN 管理软件建立 VLAN 管理数据库和维护该数据库时需要做大量的管理工作。

总之，不管以何种机制实现 VLAN，分配给同一个 VLAN 的所有主机共享一个广播域，而分配给不同 VLAN 的主机将不会共享广播域。也就是说，只有位于同一个 VLAN 中的主机才能直接相互通信，而位于不同 VLAN 中的主机之间是不能直接相互通信的。

### 4.5.3　VLAN 的优点

概括起来，VLAN 有如下优点。

（1）减少移动和改变的代价，即动态管理网络。当一个用户从一个位置移动到另一个位置时，其网络属性不需要重新配置，而是动态地完成，这种动态管理网络给网络管理者和使用者都带来了极大的好处，无论一个用户在哪里，都能不做任何修改地接入网络。

（2）VLAN 最具雄心的目标就是建立虚拟工作组模型，例如，在校园网中，同一个系的就好像在同一个 VLAN 上一样，很容易地互相访问、交流信息，同时，所有的广播包也都限制在该 VLAN 上，而不影响其他 VLAN 上的人。一个人如果从一个办公地点换到另外一个地点，而他仍然在该系，其配置则无需改变。反之，如果一个人虽然办公地点没有变，但他换了一个系，那么只需在网络管理处配置即可。这个功能的目标就是建立一个动态的组织环境。

（3）限制广播包。按照 IEEE 802.1D 透明网桥的算法，如果一个数据包找不到路由，那么交换机就会将该数据包向所有其他端口发送，这就是桥的广播方式的转发，这样极大地浪费了带宽。如果配置了 VLAN，那么，当一个数据包没有路由时，交换机只会将此数据包发送到所有属于该 VLAN 的其他端口，而不是所有交换机的端口，这样，就将数据包限制到了一个 VLAN 内。在一定程度上可以节省带宽。

（4）安全性。由于配置了 VLAN 后，一个 VLAN 的数据包不会发送到另一个 VLAN，这样，其他 VLAN 用户的网络上收不到任何该 VLAN 的数据包，从而确保了该 VLAN 的信息不会被其他 VLAN 的人窃听，从而实现了信息的保密。

# 4.6　无线局域网

### 4.6.1　无线局域网概述

在有线局域网的组网和日常维护中，铺设电缆或是检查电缆是否断线是很费时费力的。另外由于原有企业网络的升级和改造，必须重新布局安装网络线路，虽然电缆本身并不贵，可是请技术人员来配线的成本很高，因此架设无线局域网就成为最佳解决方案。

无线局域网（Wireless Local Area Network，WLAN）是相当便利的数据传输系统，它是指以无线电波、激光和红外线等无线传输介质来代替有线局域网中的部分或全部有线传输介质而构成的网络。无线局域网绝不是用来取代有线局域网，而是用来弥补有线局域网之不足，以达到网络延伸的目的，下列情形可能需要无线局域网：

- 无固定工作场所的使用者；
- 有线局域网架设受环境限制；
- 作为有线局域网的备用系统。

虽然无线局域网在结构及原理上大致雷同于有线局域网，不过无线局域网和有线局域网在终端设备和网络性能上还是存在较大差别的。比较明显的就是无线局域网较之于有线局域网，具有带宽有限、延迟大、连接稳定性差以及可用性预测困难等缺点，但在其移动性强的主要优势下，这些缺点丝毫不会影响无线网络的发展。

### 4.6.2 无线局域网协议标准

目前无线局域网主要协议标准为 IEEE 802.11 系列，另外蓝牙标准和 HomeRF 工业标准等是其最主要的竞争对手。它们各有自己擅长的应用领域，有的适合于办公环境，有的适合于个人应用，有的则一直被家庭用户所推崇。

#### 1. IEEE 802.11 协议

IEEE 802.11 协议是美国电气和电子工程师协会（IEEE）最初制定的一个无线局域网标准，主要用于解决办公室局域网和校园网中用户与用户终端的无线接入，数据存取速率最高只能达到 2Mbit/s。由于它在速率和传输距离上都不能满足人们的需要，因此 IEEE 随后又相继推出了 IEEE 802.11a、IEEE 802.11b 等一系列标准。目前 IEEE 802.11b 无线局域网技术已经在美国得到了广泛的应用，成为无线局域网（WLAN）的主流标准。在写字间、饭店、咖啡厅和候机室等场所，带有无线网卡的笔记本电脑便可通过无线局域网连到 Internet。在国内支持 IEEE 802.11b 无线局域网协议的产品也全面上市。

#### 2. 蓝牙标准

1998 年爱立信、诺基亚、IBM、东芝和 Intel 公司五家著名 IT 厂商在联合开展短程无线通信技术的标准化活动时提出了蓝牙技术。其宗旨是提供一种短距离、低成本的无线传输应用技术。1999 年著名的业界巨头微软、摩托罗拉、3Com、朗讯和蓝牙特别小组 BluetoothSIG 五家公司共同发起成立了蓝牙技术推广组织，从那时起全球便开始掀起了蓝牙热潮。蓝牙技术是一种用于替代便携或固定电子设备上使用的电缆或连线的短距离无线连接技术，其设备全球通行，可实时进行数据和语音传输，传输速率可达到 10Mbit/s。在办公室、家庭和旅途中无需在任何电子设备间布设专用线缆和连接器，通过蓝牙遥控装置可以在该装置周围组成一个"微微网（Pico-net）"。网内任何蓝牙收发器都可与该装置互通信号，而且这种连接无需复杂的软件支持，一般有效通信范围为 10m。

#### 3. HomeRF 工业标准

HomeRF 是由 HomeRF 工作组开发的，适合家庭区域范围内在计算机和用户电子设备之间实现无线数字通信的开放性工业标准。作为无线技术方案，它代替了需要铺设昂贵传输线的有线家庭网络，为网络中的设备（如笔记本电脑）和 Internet 应用提供了漫游功能。不过 HomeRF 在功能上过于局限家庭应用，再考虑到 IEEE 802.11b 在办公领域已取得的地位，恐怕在今后难以有较大的作为。

#### 4. Wi-Fi 标准

无线保真技术（Wireless Fidelity，Wi-Fi），也称为无线相容性认证。Wi-Fi 标准即为 IEEE 802.11n 标准，与蓝牙一样同属于在办公室和家庭中使用的短距离无线技术。不过与应用于手机上的蓝牙技术不同，Wi-Fi 具有更大的覆盖范围和更高的传输速率。Wi-Fi 传输速度最高可达 11Mbit/s；基于蓝牙技术的电波覆盖范围非常小，大约只有 10m 左右，而 Wi-Fi 的覆盖范围则可达 90m 左右，除了适合在办公室环境下使用，就是在小一点的整栋大楼中也可使用。另一方面，还可以将 Wi-Fi 本身当作新型的宽带服务的提供手段。几乎所有智能手机、平板电脑和笔记本电脑都支持 Wi-Fi 上网，是使用最广的一种无线网络传输技术。

2010 年起 Wi-Fi 的覆盖范围越来越广泛，宾馆、豪华住宅区、飞机场以及咖啡厅之类的区域都有 Wi-Fi 接口。2014 年 11 月 28 日 14 时 20 分，中国首列开通 Wi-Fi 服务的客运列车——广州至香港九龙的 T809 次列车从广州东站出发，标志着中国铁路开始 Wi-Fi 时代。

### 4.6.3  无线局域网的组建

无线局域网主要用于宽带家庭、大楼内部以及园区内部，典型距离覆盖几十米至上百米。如图 4-16 所示，对于家庭，最简单便捷的无线局域网的组网方式是以无线 AP（Access Point，无线访问节点）为中心（传统有线局域网使用 Hub 或交换机），其他计算机与其通过无线网卡进行通信。由于当前的无线 AP 可以分为单纯型 AP（就是通常说的无线 AP）和扩展型 AP（无线路由器）两类，相应的无线局域网的组建方式有以下两种。

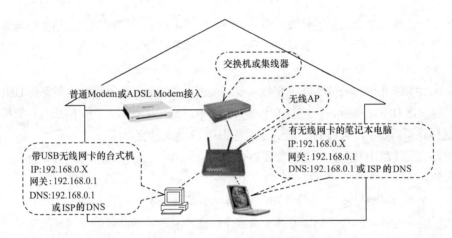

图 4-16  使用无线 AP 的无线局域网组建示意图

#### 1. 使用无线 AP（单纯型 AP）

无线 AP 的功能相对来讲比较简单，缺少路由功能，只相当于无线集线器。它主要是提供无线工作站对有线局域网和从有线局域网对无线工作站的访问，在访问接入点覆盖范围内的无线工作站可以通过它进行相互通信。通俗地讲，无线 AP 是无线网和有线网之间沟通的桥梁。由于无线 AP 的覆盖范围是一个向外扩散的圆形区域，因此应当尽量把无线 AP 放置在无线网络的中心位置，而且各无线客户端与无线 AP 的直线距离最好不要超过 30m，以避免因通信信号衰减过多而导致通信失败。使用无线 AP 组建无线局域网的方式如图 4-17 所示，由于 AP 不能直接跟 ADSL Modem 相连，所以在使用时必须再添加一台交换机或者集线器。

#### 2. 使用无线路由器（扩展型 AP）

目前主流的组网方式是以无线路由器为中心来组建无线局域网。使用无线路由器组建无线局域网的方式和使用无线 AP 的方式基本上是一样的，不过由于无线路由器具有宽带拨号的功能，因此可以直接跟 ADSL Modem 连接进行宽带共享，如图 4-17 所示，使用无线路由器的无线局域网组建方式如下。

（1）为需要接入无线局域网的客户端安装无线网卡。

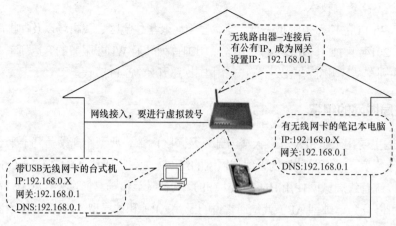

图 4-17　无线局域网组建示意图

（2）在室内选择一个合适位置摆放无线路由器并接通电源。需要注意无线路由器与安装了无线网卡计算机之间的距离，因为无线信号会受到距离、穿墙等性能影响，距离过长会影响接收信号和数据传输速度，最好保证在 30m 以内。

（3）设置无线路由器默认的管理 IP 地址以及访问密码。如果无线宽带路由器支持 DHCP 服务器功能，还需要设置 DHCP 服务，通过 DHCP 服务器可以自动给无线局域网中的所有计算机自动分配 IP 地址，这样就不需要手动设置 IP 地址，也避免出现 IP 地址冲突。

（4）设置完无线路由器后，下面还需要对安装了无线网卡的客户端进行设置，查看并开通无线网络连接服务。

组建办公无线局域网与家庭无线局域网的组建差不多，不过办公网络中通常拥有的计算机较多，所以对所实现的功能以及网络规划等方面要求也比较高，考虑到网络的稳定性，通常采用交换机和无线路由器连接的方式。

# 4.7　家庭局域网

## 4.7.1　组建家庭局域网的优点

对于拥有两台或两台以上计算机的家庭用户来说，组建家庭局域网有如下好处。

（1）如果不接入 Internet，组建家庭局域网可以传送和备份数据和文件，同时由于网络资源的共享，可以节省一些相应的硬件设备，如打印机和光驱等。针对两台计算机，可以用一根交叉式双绞线分别插入两台计算机网卡的 RJ-45 接口，两台计算机之间就可以互访了。针对多台计算机，可以利用直连式双绞线将集线器和多台计算机组成"星型"连接方式，然后设置同样网段的 IP 就可以互访了。

（2）如果多台计算机都连接上 Internet，只需要安装一条电话线，购买一个 Modem，在上网的时候只需要支付一份网络使用费和上网电话费，从而节约了家庭开支。另外组建家庭局域网可以满足家庭娱乐的需要。现在大多数游戏是多方对弈的，有了家庭网络后，可以上 Internet 去与网上的朋友进行对弈，也可以直接在自己的家庭网络上与家人进行对弈。

### 4.7.2  使用路由器组建家庭局域网

使用路由器可以很方便地组建家庭局域网。如果使用有线路由器，一旦计算机放在不同的房间，布线将是一件很麻烦的事情。针对这个问题，使用无线路由器和 Wi-Fi 标准是首选方案。使用无线路由器组建家庭局域网的方式虽然方便，但是也存在缺点。其安全性不能完全得以保证。在未加密的情况下，无线网络能够被附近的其他计算机搜索到并访问。虽然可以通过多种加密方式阻止陌生计算机对网络的访问，但是由于数据包通过无线方式进行发送和接收，还是能够被别的计算机获取，在数据包足够多的情况下，也还是存在被黑客破解的可能性。

### 4.7.3  使用电力线以太网适配器组建家庭局域网

想在家庭组建一个小型局域网络，又不想使用无线路由器的话，可以通过电力线以太网适配器来组建家庭局域网（见图 4-18）。通过电力线以太网适配器，使用家中的电源插座将墙壁中的电源线转接为家庭网络线路，从而在家中各个不同的房间里共享 Internet、文档及打印机等。它的使用也是很简单的，将一个电力线以太网交换机插入墙壁电源插座上，将它与路由器相连，然后将另一个电力线以太网交换机插在另一个房间的电源插座中，以计算机与它相连接即可，两个电力线以太网交换机之间则不需再用网线连接，而是通过墙壁中的电力线来传送数据。现在市场上的电力线以太网适配器支持端口之间的传输速率分别为 85Mbit/s、200Mbit/s。许多人担心利用电力线上网可能会出现触电事故，其实由于用户操作端与电力线输出端已经通过电力线以太网适配器进行了隔离，因此通常不会出现此类用电安全隐患。

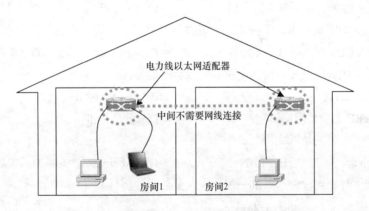

图 4-18   家庭局域网中电力线以太网适配器工作示意图

# 习    题

**一、填空题**

1. 计算机局域网最基本的拓扑结构有_____、_____和_____三种。

2. 介质访问控制技术 CSMA/CD 的控制过程包含_____、_____、_____和_____四个处理内容。

3. 从实现的机制或策略划分，VLAN 分为_____和_____。

4. 路由器的主要功能有_____、_____和_____。

5. IEEE 802 把 OSI 的数据链路层分为_____和_____两个子层。

6. 介质访问控制技术根据控制方式不同可以分为_____和_____。

7. 无线局域网的组建方式有_____和_____两种。

**二、判断题**

1. 在组建局域网时，如果没有特殊要求一般选择内联网（Intranet）。 （　　）

2. 局域网常用的传输介质有双绞线、同轴电缆、光纤、无线信道等。 （　　）

3. 计算机网络各节点间的互联模式称为网络的互联结构。 （　　）

4. 标准以太网是使用星型拓扑的网络形式。 （　　）

5. 虚拟局域网（VLAN）是以局域网交换机为基础，通过交换机软件实现根据功能、部门、应用等因素将设备或用户组成虚拟工作组或逻辑网段的技术。 （　　）

6. 无线局域网（WLAN）是指以无线电波、激光、红外线等无线传输介质来代替有线局域网中的部分或全部有线传输介质而构成的网络。 （　　）

**三、单项选择题**

1. 早期为了实现资源共享和方便交流，在较小范围内进行计算机互联，出现了计算机网络研究的新领域，这就是（　　）。

    A. Internet     B. 城域网     C. 局域网     D. 广域网

2. 计算机网络的组成元素可以分为网络节点和通信链路两大类，网络节点的互联模式称为网络的（　　）。

    A. 拓扑结构     B. 总线型结构     C. 环型结构     D. 星型结构

3. 从介质访问角度来考虑，下列（　　）方法不是局域网的介质访问控制方法。

    A. CSMA/CD     B. 红外线     C. 令牌环     D. 令牌总线

4. 下列不是无线局域网（WLAN）主要协议标准的是（　　）。

    A. IEEE 802.11b                B. IEEE 802.6

    C. HomeRF 工业标准        D. 蓝牙标准

5. 以下（　　）指的是以太网。

    A. Internet     B. LAN     C. Ethernet     D. WAN

6. 组建局域网时，对硬件选择的一般原则是要注重经济性和（　　）。

    A. 性价比     B. 兼容性     C. 长远性     D. 目的性

7. 以太网最早采用的拓扑结构是（　　）。

    A. 网状型     B. 总线型     C. 环型     D. 星型

**四、简答题**

1. 简述局域网的定义、功能和主要特点。

2. 局域网拓扑结构通常有哪几类？各自有什么特点？

3. 常用的网络互联设备有哪些？各自有什么特点？

4. 什么是以太网？

5. 什么是虚拟局域网（VLAN）？

6. 家庭局域网有哪几种常见的组建方式？

7. 什么是介质访问控制技术的冲突？在 CSMA/CD 中，采用什么方式应对冲突？

8. 在令牌环网中存在冲突吗？为什么？

9. 简述令牌环网中数据帧发送和接收的过程。

10. 传统的共享式局限网存在哪些不足之处？

11. 简述无线局域网的特点及适用场合。

# 第5章 Internet技术与应用

## 5.1 常用网络应用模式

目前常用的互联网应用模式主要有三种：客户机/服务器模式、浏览器/服务器模式和 P2P 模式。

### 5.1.1 客户机/服务器模式

在 Internet 网络应用中，客户机/服务器模式（Client/Server，C/S）是目前最常用的通信模式。它是通过两个独立的程序（客户机程序和服务器程序）来实现的。客户机程序运行在请求服务的计算机上，通过它向服务器发出服务请求。服务器程序运行在提供服务的计算机上，使计算机能够提供特定服务。

客户机/服务器模式的特点如下。

（1）可以充分利用客户机和服务器两端硬件环境的优势，将任务合理分配到客户机端和服务器端来实现，降低了系统的通信开销。

（2）客户机程序和服务器程序各自独立，简化了应用系统的设计过程，可以使客户机程序和服务器程序之间的通信标准化。

（3）客户机程序可与多个服务器进行链式连接，用户可根据实际需求灵活地访问多台服务器。

互联网中的许多典型应用（如 FTP、Telnet 等）以及移动互联网的 Apps 等都采用客户机/服务器模式。

### 5.1.2 浏览器/服务器模式

浏览器/服务器模式（Browser/Server，B/S）是随着 Internet 技术的发展，从 C/S 模式基础上变更而形成的网络结构模式。B/S 模式在把 C/S 模式中的客户端程序规范化的基础上，将其服务器端进一步深化，分解成一个应用服务器（Web 服务器）和一个或多个数据库服务器，从而成为三层 C/S 模式，如图 5-1 所示。

在 B/S 模式下，客户端运行浏览器软件，向指定的 Web 服务器提出服务请求，Web 服务器接受客户端请求并与后台数据库连接，数据库服务器得到请求后进行数据处理并将结果返回给 Web 服务器，Web 服务器将得到的结果传递给客户端浏览器，浏览器以 Web 页形式显示出来。

B/S 模式的主要特点如下。

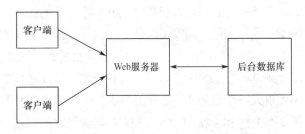

图 5-1  一个常见的 B/S 模式

（1）B/S 模式简化了传统 C/S 模式中的客户端，客户端使用标准的浏览器，无需额外开发。

（2）客户端、应用程序和数据三部分相对独立，整个系统的开发、维护、升级更加方便和经济。

（3）标准的浏览器可以访问多种格式的信息，用户界面一致，简单易用，使得 B/S 结构系统的信息共享度较高。

（4）B/S 结构能够充分利用 Internet 上的各种安全技术，如防火墙技术，使系统在安全上有一定保障。

（5）在 B/S 模式中整个系统的复杂性和负载都集中在服务器端，所以也存在着服务器负荷较重的问题。

## 5.1.3  P2P 模式

P2P（Peer-to-Peer）模式又称为对等网或点对点模式。在 P2P 模式中，网络中的任何节点既可以获取其他节点的资源或服务，同时又是资源或服务的提供者，兼具客户端和服务器的双重身份，同时节点之间相互直接通信。在 P2P 模式中每一个节点所拥有的权利和义务都是对等的，即每个节点都有下载的权利和上传的义务。

P2P 模式从结构上可以分成三种：以 Napster 为代表的集中目录式结构、以 Gnutella 为代表的纯 P2P 网络结构和混合式网络结构。

（1）集中目录式结构

集中目录式结构采用中央服务器管理 P2P 各节点。P2P 节点向中央目录服务器注册关于自身的信息（名称、地址、资源和元数据），但所有内容存储在各个节点中而并非服务器上，查询节点根据中央目录服务器中信息的查询以及网络流量和延迟等信息来选择与定位其他对等节点并直接建立连接，而不必经过中央目录服务器。集中目录式结构的特点是提高了网络的可管理性，使得对共享资源的查找和更新非常方便，但其最大的隐患在于网络的可靠性，若中央目录服务器失效，则该服务器下的对等节点全部失效。

（2）纯 P2P 网络结构

纯 P2P 结构也被称作广播式的 P2P 模式，它没有中央目录服务器，每个用户随机接入网络并与自己相邻的一组邻居节点通过端到端连接构成一个逻辑覆盖的网络。对等节点之间的内容查询和内容共享都是直接通过相邻节点广播接力传递，同时每个节点还会记录搜索轨迹，以防止搜索环路的产生。纯 P2P 结构的特点是解决了网络结构中心化的问题，扩展性和容错性较好，但是没有一个对等节点知道整个网络的结构，特别是由广播带来的控制信息的泛滥，会消耗大量带宽，很容易造成网络拥塞。

（3）混合式网络结构

混合式结构综合了集中目录式 P2P 快速查找和纯 P2P 非中心化的优势，按节点能力不同（计算能力、内存大小、连接带宽、网络滞留时间等）区分为普通节点和搜索节点两类。搜索节点与其临近的若干普通节点之间构成一个自治的簇，簇内采用基于集中目录式的 P2P 模式，而整个 P2P 网络中各个不同的簇之间再通过纯 P2P 的模式将搜索节点连接起来。可以在各个搜索节点之间再次选取性能最优的节点，或者另外引入一个新的性能最优的节点作为索引节点来保存整个网络中可以利用的搜索节点信息，并且负责维护整个网络的结构。这种结构的特点是有效地消除了纯 P2P 结构中的网络拥塞、搜索迟缓等不利影响。

P2P 模式具有以下特点。

- 资源高度利用，即将网络中的闲散资源利用起来，构成了整个网络的资源。
- 网络中的节点越多，网络的性能越好。
- 信息在对等节点中直接交换，高速及时，降低中转成本。
- P2P 不易于管理，吞噬网络带宽。

Internet 中许多流行的应用，如网际快车、QQ 和迅雷等都采用的是 P2P 模式。

# 5.2　域名系统

## 5.2.1　域名系统与主机命名

在 Internet 中，由于采用了统一的 IP 地址，使得网络中主机间能够相互识别，进行通信。然而对于一般用户来说，IP 地址太抽象，不容易记忆。为此，在 1983 年 Internet 开始采用了一种字符型的主机命名机制，这就是域名系统（Domain Name System，DNS）。

Internet 的域名系统采用层次树状结构的命名方法为网络中的主机赋予一个层次结构的名字，即域名（Domain Name）。"域"是名字空间中一个可被管理的划分，域还可以划分为子域，子域还可以继续划分，这样就形成了顶级域、二级域和三级域等。

一个完整的域名由多级域名组成，每级域名之间用"."分隔，其中最右侧是顶级域名，最左侧是主机名，中间的各级子域名按照层次由高到低自右至左排列。其基本格式通常是：主机名.机构名.网络名.地域名或行业名。例如，大连海事大学 Web 服务器的域名如下所示：

其中，cn 是中国的顶级域名，edu 是中国教育和科研计算机网的域名，dlmu 是大连海事大学的子域名，www 是服务器的主机名。

## 5.2.2　域名系统的结构

### 1. 域名系统的整体结构

Internet 域名系统是一个分层式的树状结构，这个树状结构称为"DNS 域名空间"，它看上去就像是一棵倒置的树，如图 5-2 所示。位于树状结构最上层的是域名空间的根（Root），一般用点号"."来表示。根之下为顶级域，顶级域之下为二级域，二级域是供公司或组织机构注册使用的。例如，microsoft.com 是由微软公司所注册的。公司、组织机构等可在"二级域"之下再划分出三级域。域名最多可以有 5 层，最少为 2 层，大多数域名采用的是 3 层或 4 层结构。

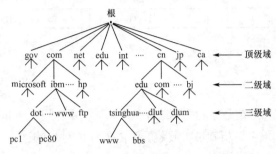

图 5-2　域名系统的结构

## 2. 顶级域名

顶级域名分为机构性顶级域名和地域性顶级域名两种，如表 5-1 和表 5-2 所示。

**表 5-1　机构性顶级域名**

| com-商业机构 | net-网络服务机构 | mil-军事机构 | gov-政府机构 |
|---|---|---|---|
| int-国际机构 | edu-教育部门 | org-非营利性组织 | firm-企业和公司 |
| store-商业企业 | web-从事与 Web 相关业务的实体 | arts-从事文化娱乐业的实体 | rec-从事休闲娱乐业的实体 |
| info-从事信息服务业的实体 | nom-从事个人活动的个体、发布个人信息 | | |

**表 5-2　地域性顶级域名**

| aq-南极洲 | ar-阿根廷 | at-奥地利 | au-澳大利亚 | be-比利时 | bg-保加利亚 |
|---|---|---|---|---|---|
| br-巴西 | ca-加拿大 | ch-瑞士 | cl-智利 | cn-中国 | de-德国 |
| dk-丹麦 | ec-厄瓜多尔 | eg-埃及 | es-西班牙 | fi-芬兰 | fr-法国 |
| gr-希腊 | hk-中国香港 | hu-匈牙利 | ie-爱尔兰 | il-以色列 | in-印度 |
| is-冰岛 | it-意大利 | jp-日本 | kr-韩国 | kw-科威特 | lt-立陶宛 |
| lu-卢森堡 | mx-墨西哥 | my-马来西亚 | nl-荷兰 | no-挪威 | nz-新西兰 |
| pl-波兰 | pr-波多黎各 | pt-葡萄牙 | ru-俄罗斯 | se-瑞典 | sg-新加坡 |
| za-南非 | th-泰国 | tw-中国台湾 | uk 或 gb-英国 | us-美国 | ve-委内瑞拉 |

## 3. 中国的二级域名

我国域名体系的最高层域名是 cn，二级域名分为类别域名和行政区域域名两种，如表 5-3 和表 5-4 所示。

**表 5-3　中国域名的类别域名**

| ac-科研机构 | com-工、商、金融等行业 | edu-教育机构 |
|---|---|---|
| gov-政府部门 | net-互联网络、接入网络的信息中心和运行中心 | org-各种非营利性组织 |

**表 5-4　中国域名的行政区域域名**

| bj-北京市 | sh-上海市 | tj-天津市 | cq-重庆市 | he-河北省 |
|---|---|---|---|---|
| sx-山西省 | gs-甘肃省 | ln-辽宁省 | jl-吉林省 | hl-黑龙江省 |

| js-江苏省 | zj-浙江省 | ah-安徽省 | fj-福建省 | jx-江西省 |
|---|---|---|---|---|
| sd-山东省 | ha-河南省 | hb-湖北省 | hn-湖南省 | gd-广东省 |
| sn-陕西省 | hi-海南省 | sc-四川省 | gz-贵州省 | yn-云南省 |
| xz-西藏自治区 | gx-广西壮族自治区 | nm-内蒙古自治区 | nx-宁夏回族自治区 | xj-新疆维吾尔自治区 |
| qh-青海省 | tw-台湾省 | hk-香港特别行政区 | mo-澳门特别行政区 | |

### 5.2.3 域名解析

#### 1. 什么是域名解析

域名是为了方便记忆而专门建立的一套地址转换系统，要访问一台 Internet 上的服务器，最终还必须通过 IP 地址来实现。域名解析就是将域名重新转换为 IP 地址的过程。一个域名只能对应一个 IP 地址，而多个域名可以同时被解析到一个 IP 地址。

域名解析有两个方向，一个是从主机域名到 IP 地址的正向解析；另一个是从 IP 地址到主机域名的反向解析。

#### 2. 域名服务器

域名解析是由一系列的域名服务器共同完成的。在域名系统中，通常每个域都拥有自己的域名服务器，域名服务器维护着一个本域中所有主机域名和 IP 地址对应关系的数据库，并定期更新该数据库。而整个 DNS 实际上是一个有层次结构的分布式的数据库系统，DNS 中并没有一张保存着所有主机信息的主机表，这些信息是分散地存放在许多域名服务器中，这些域名服务器组成一个层次结构的系统，顶层的根域名服务器保存着所有顶级域名服务器的地址信息，每个域或子域的域名服务器中保存着当前域的主机信息和下级子域的域名服务器的地址信息。对 Internet 上任何一个域名进行解析时，只要本地域名服务器无法解析时，就首先去查询根域名服务器。全球共有 13 台根域名服务器和上百台它们的镜像服务器，分布在世界各地。这 13 台根域名服务器的名字分别为"A"至"M"。

为了提高域名解析效率，减轻根域名服务器的负荷，域名服务器中还设置了高速缓存，用来存放最近查询过的域名。当要解析的域名在本地域名服务器的高速缓存中可以查到时，就无需向根域名服务器发出解析请求。

为了提高域名服务器的可靠性，每个域中都有多台域名服务器，其中一台是主域名服务器，其他的是辅助域名服务器。主域名服务器定期把数据复制到辅助域名服务器中，而更改数据只能在主域名服务器中进行。当主域名服务器出现故障时，辅助域名服务器继续提供服务，保证了域名系统的查询不会中断。

#### 3. 域名解析过程

域名解析服务采用客户机/服务器工作模式。客户机由网络应用软件和解析器构成。当一个网络应用程序要求把一个主机域名转换成 IP 地址时，将域名解析请求提交给本机上的解析器，解析器向本地 DNS 服务器发出域名解析请求，域名服务器经过查询后，将主机的 IP 地址回送给解析器，解析器再将该地址传递给网络应用程序。

下面以用户访问 www.ibm.com 网站为例（见图 5-3，图中标号为步骤序号），说明域名解析的完整过程。

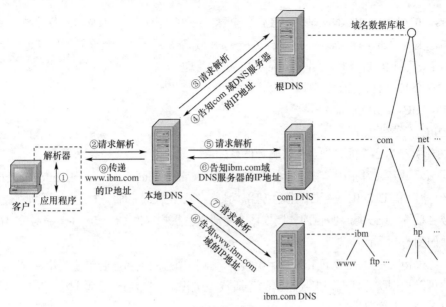

图 5-3　域名的解析过程

①　客户端应用程序向本机的解析器请求查询 www.ibm.com 的 IP 地址。解析器首先在本机的高速缓存中检查有无该域名的记录，若找到了相应记录，则将 IP 地址传递给应用程序，否则执行步骤②。

②　客户端的解析器向本地 DNS 服务器请求查询 www.ibm.com 的 IP 地址。

本地 DNS 服务器收到查询请求后，首先检查该域名是否属于本服务器管辖区域。若不属于本域管辖，则在服务器的高速缓存中检查有无该域名的记录，若找到了相应记录，则将 IP 地址传递给解析器，否则执行步骤③。

③　将查询请求转发给根域名服务器。

④　根域名服务器根据要查找的主机名（www.ibm.com）得知此主机位于顶级域 com 之下，将管辖 com 域的 DNS 服务器的 IP 地址传递给本地 DNS 服务器。

⑤　本地 DNS 服务器向 com 域的 DNS 服务器提出查询请求。

⑥　com 域的 DNS 服务器根据要查找的主机名（www.ibm.com）得知此主机位于 ibm.com 域之内，将管辖 ibm.com 域的 DNS 服务器的 IP 地址传递给本地 DNS 服务器。

⑦　本地 DNS 服务器向 ibm.com 域的 DNS 服务器提出查询请求。

⑧　ibm.com 域的 DNS 服务器在数据库中查找到 www.ibm.com 对应的 IP 地址，将其传递给本地 DNS 服务器。

⑨　本地 DNS 服务器将 www.ibm.com 对应的 IP 地址传递给客户端的解析器。

客户端应用程序得到 www.ibm.com 对应的 IP 地址后，就可以与域名为 www.ibm.com 的主机进行通信了。

### 5.2.4　域名注册

**1. 域名的管理及注册服务体系**

（1）国际域名的管理及注册服务体系

国际域名管理的最高机构是互联网名称和地址分配机构（Internet Corporation for Assigned Names and Numbers，ICANN）。ICANN 是一个集合了全球网络界、商业、技术及学术各领域专家的非盈利性国际组织，主要负责全球互联网的根域名服务器和域名体系、IP 地址及互联网其他资源的分配管理和政策制定，其下的域名由三大网络信息中心进行管理：

- INTER NIC 负责美国及其他地区；
- RIPE-NIC 负责欧洲地区；
- APNIC 负责亚太地区。

（2）中国域名（CN）的管理及注册服务体系

中国的顶级域名 CN 由中国互联网络信息中心（China Internet Network Information Center，CNNIC）统一管理。CNNIC 是经国务院主管部门批准组建的管理和服务机构，主要职责是运行和管理相应的域名系统，维护域名数据库，授权域名注册服务机构提供 CN 域名注册服务等。CN 域名注册服务体系如图 5-4 所示。

注册服务机构由 CNNIC 认证和授权，负责受理审核用户的域名注册申请，并完成域名注册。注册服务机构可以根据实际情况，发展自己的注册代理机构。这些注册代理机构负责在注册服务机构授权范围内接受域名注册申请。

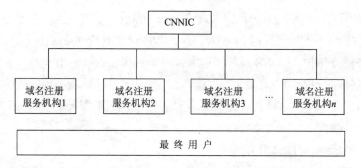

图 5-4　CN 域名注册服务体系

### 2. 域名注册

域名注册可以在注册服务机构或注册代理机构的网站上进行。经 CNNIC 认证授权的所有注册服务机构参见 CNNIC 官方网站。

域名注册的方法和步骤在各注册服务机构的网站上都有相关的说明，只要按照提示操作就可以完成域名的申请和注册了。

# 5.3　万维网

万维网（World Wide Web，WWW）并不是传统意义上的物理网络，而是在超文本的基础上形成的信息网。万维网起源于 1989 年欧洲粒子研究所 CERN，是 Internet 上应用最广泛的服务之一。万维网的出现，改变了 Internet 仅由少数专业人员使用的状况，极大地推动了 Internet 的普及和发展。

## 5.3.1　万维网的基本组成

万维网是一个全球性的分布式信息网，由通过 HTTP 链接起来的无数 WWW 服务器中的网页资源所组成。

### 1. 网页

万维网以网页的形式呈现信息。网页是用一种特定语言——超文本标记语言（HTML）编写的超文本文件，是由文字、图像和超链接等多种对象构成的页面。所谓超文本是一种描述信息的方法，文本中的某些文字、短语或图像可以起着链接的作用，即用鼠标点击它们后，跳到其他的网页或其他网站上。

### 2. WWW 服务器

万维网采用的是客户机/服务器工作模式，WWW 服务器程序驻留于 Internet 中的一台主机上，是万维网信息的提供者。WWW 服务器通常存储了大量网页，当 WWW 浏览器（客户程序）连接到服务器并请求查询网页时，服务器将处理该请求并将网页文件发送到该浏览器上。

WWW 服务器程序可运行在各种类型的计算机上，从常见的个人计算机到大型的服务器。

### 3. 统一资源定位器（URL）

在 Internet 中使用统一资源定位器（Uniform Resource Locator，URL）来指定要访问的资源位置和访问这些资源的方法。这里所说的"资源"是指在 Internet 上可以被访问的任何对象，包括目录、文件、图像、声音、视频以及任何形式的数据。URL 的基本格式如下：

<协议>://主机地址　[:端口号]　/路径/文件名

说明：

- 协议：指定了访问资源的方式。不同的对象需要使用不同的协议，如 WWW 使用 HTTP、文件传输使用 FTP、多媒体数据使用 RTSP 等。

- 主机地址：资源所在主机的 IP 地址或域名。

- 端口号：指建立 TCP 连接的端口号。当使用默认端口号时，端口号可省略。HTTP 使用的默认端口号是 80。

- 路径及文件名：指网页在服务器上的路径及文件名。当省略了路径和文件名时，则表示要访问的是网站根目录下的默认文件，即网站的首页。

例：http://www.tsinghua.edu.cn/qhdwzy/index.htm

其中 www.tsinghua.edu.cn 是清华大学 WWW 服务器的地址，qhdwzy 是网页所在的文件夹，index.htm 是网页的文件名，而使用的协议是 HTTP。

### 4. 浏览器

用户要访问 WWW 资源，必须在本地计算机上运行一个客户程序，这就是 WWW 浏览器。浏览器负责向 WWW 服务器发送资源查询请求、接收 WWW 服务器传递回来的 HTML 格式的资源对象，并将它们进行解释和显示。

浏览器的种类很多，常用的有 Internet Explorer（IE）、Firefox（火狐）、Opera、Safari、百度浏览器及 360 浏览器等。

## 5.3.2　超文本传输协议（HTTP）

超文本传输协议（Hyper Text Transfer Protocol，HTTP）是一个应用层协议，它定义了浏览器和 WWW 服务器之间的请求和响应交互中必须遵循的格式和规则，它使用 TCP 连接进行可靠的传输，是万维网正常运行的基础保障。

万维网的每个网站都有一个服务进程，它不断监听 TCP 的 80 端口，等待客户端的 TCP 连接请求。当用户需要浏览某网站的网页文件时，就打开一个 HTTP 会话，并向 WWW 服务器发出 HTTP 请求。接到请求信号后，服务器产生一个 HTTP 应答信息，并发回到客户端浏览器。HTTP 的工作过程如图 5-5 所示。

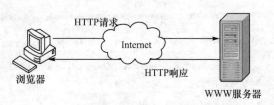

图 5-5　HTTP 的工作过程

下面以一个具体的 URL "http://www.tsinghua.edu.cn/qhdwzy/xxgk.htm" 为例，说明万维网中信息的查询过程。

（1）浏览器分析 URL。

（2）浏览器向域名服务器请求解析 www.tsinghua.edu.cn 的 IP 地址。

（3）域名系统解析出 www.tsinghua.edu.cn 的 IP 地址为 121.52.160.5。

（4）浏览器与 121.52.160.5 的 80 端口建立一条 TCP 连接。

（5）浏览器发出取文件命令 GET /qhdwzy/xxgk.htm。

（6）www.tsinghua.edu.cn 服务器给予 HTTP 响应，将 xxgk.htm 发送给浏览器。

（7）浏览器接收 xxgk.htm 文件并显示其内容。

（8）释放 TCP 连接。

### 5.3.3　网站建设与开发技术

#### 1. 网站建设的过程

网站是 Internet 上最基本的信息发布平台，网站的建设总体来说需要经过四个步骤，其分别是网站的规划与设计、网站制作、网站发布和网站的管理与维护。

（1）网站的规划与设计：对要建设的网站进行整体的分析，明确网站的建设目标，确定网站应提供的内容与服务，设计好网站的名称、标志、风格以及访问的层次结构等方面的内容。

（2）网站制作：根据网站设计方案，选择某种制作技术和开发工具进行网站开发。

（3）网站发布：安装和配置 WWW 服务器、申请网站域名，将制作好的网站脚本传送到 WWW 服务器上进行发布。

（4）网站的管理与维护：包括网站的安全、性能管理以及网站内容的更新等，它贯穿网站建设的始终。

#### 2. 网站开发技术

网站是由众多相互有关联的网页组成的，所以从某种角度上讲，建设网站主要就是制作网页。网页制作技术通常可以分为静态网页技术和动态网页技术。

静态网页指的是网页的内容是固定不变的，无法根据用户的需求做出相应的变化。网页内容的更新只能由开发人员手动修改源文件。

动态网页是指可接收用户提交的信息并做出反应，即支持客户端和服务器的交互功能。利用动态网页技术可以为用户提供留言、在线查询和订单管理等实时服务。

（1）HTML

静态网页技术指的是 HTML 技术。HTML（Hyper Text Markup Language）是超文本标记语言，它是网页制作的基础语言。

HTML 是一种"标记"语言，它定义了一系列的"标记"，将这些"标记"加入到普通的文本文件中，就可以将这个文本文件按照"标记"所指定的格式显示在浏览器中，这样得到的显示文本称为超文本。加入了 HTML 标记的文本文件就是 HTML 文件，其扩展名为.htm 或.html。

① HTML 标记

HTML 标记是指由 "<" 和 ">" 括起来的具有特定含义的字符串，书写格式是：

<标记> 文本 </标记>

标记之间插入的"文本"将受到标记的影响，多数的标记是由数个英文字母组成的，用于定义网页内容显示的样式。例如，将"HTML 语言"以粗体字显示在浏览器窗口中，可在 HTML 文件内输入下面的内容：

<B> HTML 语言</B>

<B>表示粗体标记的开始，</B>表示粗体标记的结束。大多数 HTML 标记都具有起始和结束标记并且成对出现，结束标记前要加"/"。

HTML 标记还具有自己的属性，若省略属性，则表示采用标记的默认属性。

例：<FONT　COLOR="#FF0000" SIZE=6 FACE="楷体" > HTML 语言</ FONT >

其中 FONT 是字符格式标记，COLOR 属性定义了字符的颜色，SIZE 属性定义了字符的大小，FACE 属性定义了字符的字体。HTML 为每个标记的属性都定义了相应的属性值，用户只能使用那些合法的赋值。

② HTML 文件结构

HTML 文件一般由三个基本部分组成。

● HTML 文件标记：HTML 文件通常以<HTML>标记开始，在文件的结尾处以</HTML>结束。通过这一对特殊的标记，WWW 浏览器可以判别出当前打开的是 HTML 文件。

● 头部区：头部区使用"<HEAD>…</HEAD>"标记进行定义，文件的标题、搜索引擎所用的关键字等内容都定义在该区内。使用最频繁的标记是<TITLE>…</TITLE>，用于定义文件的标题，该标题将显示在浏览器的标题栏上。

● 主体区：使用"<BODY>…</BODY>"标记进行定义，网页的主题内容写在主体区内。

下面是一个简单的 HTML 文件（可用"记事本"等纯文本编辑程序建立），其中标记<!-->是注释行的定义，该文件在浏览器中的显示效果如图 5-6 所示。

```
<HTML>                                  <!--声明是 HTML 文件>
  <HEAD>                                 <!--定义头部区>
    <TITLE> WWW 简介</TITLE>             <!--定义标题>
  </HEAD>
<BODY>                                   <!--定义主体区>
  <CENTER>                               <!--居中显示下面的文字>
    <I><H2>HTML 语言</H2></I>            <!--文字用 2 号斜体字显示>
    <FONT SIZE=3 FACE="隶书" > HTML 是超文本标记语言
                                         <!--用 3 号隶书显示下面的文字>
```

```
        <P>HTML 是网页制作的基础语言              <!--另起一段显示>
          </FONT>
      </CENTER>
    </BODY>
  </HTML>
```

图 5-6　一个简单的 HTML 文件示例

（2）动态网页技术

动态网页技术主要包括 ASP、ASP.NET、JSP 和 PHP。它们都是把脚本语言直接嵌入到 HTML 中，并且脚本语言是在服务器端运行，所以不受客户端浏览器的限制，可以很方便地和服务器交换数据，实现数据库和网页之间的数据交换。另外，基于 Python 语言的 Web 框架（如 django、flask、tornado 等）开发的站点也很多，有赶超 JSP 的趋势。

① ASP（Active Server Page）技术

ASP 是 Microsoft 公司推出的基于 Windows 平台的 Web 应用程序开发技术。ASP 提供了服务器端的脚本运行环境，用户可以通过这种环境创建和运行交互式的 Web 应用程序。ASP 使用的脚本语言是 VBScript 和 JavaScript，它将脚本语言直接嵌入到 HTML 中，无需编译，可在服务器端直接解释执行。

ASP 提供了多种内嵌对象，通过这些对象可以很容易实现客户端与服务器端的数据传输、服务器端的变量存储、创建对象及错误管理等功能。除了内嵌对象外，ASP 还集成了很多服务器组件（ActiveX Server 组件）。这些组件与内嵌对象一样也在服务器端运行，它们是在 ASP 内嵌对象之上的扩展，能够完成许多 ASP 内嵌对象所无法提供的特殊功能。例如，使用 ADO（Active Data Object）可以方便地实现对数据库的连接，从而使得从数据库发布数据变得非常简单。

通过 ASP，能将 HTML 页面、脚本命令、ASP 内嵌对象和 ASP 组件结合起来，建立动态、交互而又高效的 Web 服务应用程序。

ASP 的体系结构如图 5-7 所示，其工作过程如下。

a）当 WWW 服务器接收到 HTTP 请求后，首先判断被请求文件的类型。若请求的是一个静态 HTML 网页（以.htm 或.html 为扩展名），则直接在 WWW 服务器中查找相应的网页并通过 HTTP 协议将该网页传递给客户端；若请求的是 ASP 网页（以.asp 为扩展名），则在服务器上找到相应的 ASP 网页并将其传递给 ASP 引擎。

b）ASP 引擎解释并执行文件中的语句并根据需求从数据库中取出相应的数据，对其进行相应处理，然后动态生成一个新的 HTML 网页返回给 WWW 服务器，由 WWW 服务器通过 HTTP 协议将这个网页传递给客户端。

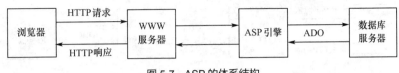

图 5-7　ASP 的体系结构

ASP 的脚本语言使用普通的文本编辑器（如 Windows 的记事本）即可进行编辑设计，另外还有一些功能强大的开发工具，主要包括 Microsoft Visual InterDev 和 Macromedia Dreamweaver UltraDev 等。这些工具都是集成的开发环境，它们除了提供最基本的可视化网页编辑功能之外，还支持 ASP 代码自动生成、数据库连接、网站管理和调试等功能，能帮助用户非常快速地建立和管理动态 Web 应用。

② ASP.NET 技术

ASP.NET 是 ASP 的换代技术，它并不是 ASP 的简单升级，而是全新一代的动态网页实现系统，是一种微软提出的以.NET 框架为基础开发网上应用程序的全新模式。

ASP.NET 是建立在.NET 框架平台上的完全面向对象的系统，其最大的优势在于与.NET 框架平台紧密结合，.NET 框架平台给网站提供了全方位的支持，用户可以使用任何一种与.NET 兼容的语言（如 C#、Visual Basic.NET、JScript.NET 等）来编写 ASP.NET 应用程序。

ASP.NET 的特点如下。

• 效率增强：ASP.NET 采用编译后运行的方式，速度大大提高。

• 程序结构清晰：ASP.NET 可以将程序代码和 HTML 标记分开，使得程序结构更清晰。

• ASP 提供了更易于编写、结构更清晰的代码，容易进行再利用和共享。

• ASP.NET 中还包括有页面时间、Web 控件、缓冲技术以及服务器控件和对数据捆绑的改进。

ASP.NET 的运行环境需要 WWW 服务器软件和.NET Framework。.NET Framework 是微软 Web Services 引擎，是用于生成、部署和运行 XML Web Services 和应用程序的多语言环境。它主要由公共语言运行库、共享对象类别库和 ASP.NET 组成。微软的 WWW 服务器软件 IIS（Internet Information Server）已经集成了.NET Framework。

ASP.NET 的开发工具主要是 Microsoft Visual Studio.NET。它可以实现所见即所得的编辑，并可以实现拖放控件、自动部署、自动分离程序代码和 HTML 代码等功能，其本身已经包括运行环境。微软还提供了一种较为简单的开发工具 Web Matrix，用户也可以使用任何文本编辑器进行开发和编辑。

③ JSP（Java Server Page）技术

JSP 是 Sun 公司推出的基于 Java Servlet 以及整个 Java 体系的 Web 开发技术。它使用的脚本语言是 Java，运行方式是编译后运行。利用它可以开发出功能强大的 Web 应用程序。

JSP 具有以下特点。

• 继承了 Java 的优点：一次编写，多次可用。

• 可以使动态页面和静态页面分离，脱离硬件平台的束缚。

• 具有开放的、跨平台的结构，几乎可以运行在所有的服务器系统上。

• 编译后运行，执行效率高。

JSP 的运行环境主要由 JDK、JSP 引擎、Servlet 引擎和 Web 服务器所组成，其体系结构如图 5-8 所示。

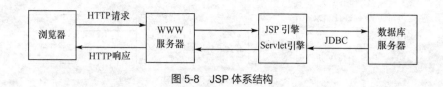

图5-8　JSP 体系结构

JDK（Java Developer Kit，Java 开发工具包）是 Sun 公司提供的 Java 开发工具。开发 JSP 必须使用 JDK 工具包，它包含 Java 编译器、解释器和虚拟机（JMV），为 JSP 页面文件、Servlet 程序提供编译和运行环境。Java 语言是一种跨平台的语言，几乎所有操作系统都支持 JDK 工具包。

JSP 引擎的作用是将 JSP 页面（.jsp 文件）转译为 Servlet 源代码（.java 文件），然后使用 JDK 提供的编译器将 Servlet 源代码编译为相应的字节码（.class 文件，即 Servlet 应用模块）。

Servlet 引擎的作用是管理和加载 Servlet 模块。当客户向相应的 Servlet 发出请求时，Servlet 引擎把 Servlet 应用模块载入虚拟机（JMV）运行，由 Servlet 模块处理客户请求，将处理结果返回客户。

需要指出的是 JSP 文件的转译和编译仅在初次调用 Servlet 时发生，因此 JSP 文件可以做到"一次编译，多次执行"，从而加快了 Web 页面的访问速度。

Java 中连接数据库的技术是 JDBC（Java DataBase Connectivity），很多数据库系统带有 JDBC 驱动程序，Java 程序通过 JDBC 驱动程序与数据库连接，执行查询、提取数据等操作。Sun 公司还开发了 JDBC-ODBC 桥，用此技术 Java 就可以访问带有 ODBC 驱动程序的数据库。目前大多数数据库系统都带有 ODBC 驱动程序。

JSP 开发工具有很多种，基本可以分成两大类。

• 简单小巧的开发工具，例如 TextPad、JCreator 等。它们的特点是简单易用，只提供基本的编辑、编译和运行的功能。这类工具适合开发简单的示例程序时使用。

• 具有强大功能的集成开发环境，例如 Eclipse、JBuilder 和 NetBeans 等。它们提供了强大的附加功能，例如 Debug 功能，用户可以通过该功能迅速定位程序的错误。

④ PHP（Hypertext Preprocessor）技术

PHP 是一种跨平台的服务器端的嵌入式脚本语言，与 ASP 一样，通过 PHP 能够创建动态的、交互式的 Web 应用程序。PHP 大量采用了 C、Java 和 Perl 语言的语法，并加入了各种 PHP 自己的特征。PHP 于 1994 年创建至今发展了多个版本。2004 年 7 月 PHP5 正式版本的发布，标志着一个全新的 PHP 时代的到来。目前采用 PHP5 技术站点的市场比例是最高的。

PHP 的运行是通过它的语言解释器来完成的。语言解释器的作用是解释后缀为.php 的文件，根据文件中的脚本命令访问数据库、读写文件等并将执行的结果组织成 HTML 格式，返回给 Web 服务器。

PHP 具有以下特点。

• 几乎支持所有的操作系统平台和数据库系统。

• PHP 是完全免费的，开放源代码。

• 具有较好的易扩展性和良好的稳定性。

• 占用系统资源比较少，运行速度快，效率较高。

3. WWW 服务器软件

WWW 服务器就是运行 WWW 服务器软件、能够处理 HTTP 请求的计算机系统，它承担着网站发布的任务，一台 WWW 服务器上可以同时运行多个网站。

WWW 服务器软件的种类很多，目前市场占有率比较高的是 Apache HTTP Server 和 Microsoft 的 IIS。

（1）Apache HTTP Server

Apache HTTP Server 是一个灵活、高效和稳定的 WWW 服务器软件，具有高度的可配置性和较好的扩展性。它是开放的免费软件，支持跨平台的应用，可以运行在几乎所有的操作系统平台上，包括 UNIX、Windows 和 Linux 等。它支持 PHP 动态网页技术和 ODBC 标准，可以访问 MySQL、Oracle、Sybase、Microsoft SQL Server 和 DB2 等数据库。它是目前市场占有率最高的 Web 服务器软件。

（2）IIS

Microsoft 的 IIS 捆绑在 Windows 系列的服务器上，它既适合小型网站，也适合大型企业级网站。IIS 内嵌了 ASP，同时提供了一个良好的应用环境。IIS 秉承了 Windows 的易用性，比较简单，便于掌握。

除了 IIS 之外，Microsoft 还开发了一个更小的 WWW 服务器软件 PWS（Personal Web Server），适合于创建小型的个人站点。

（3）支持 JSP 技术的 Web 服务器软件

目前支持 JSP 技术的 Web 服务器软件很多，比较流行的有 WebLogic、WebSphere 和 Tomcat 等，它们都带有 JSP 引擎和 Servlet 引擎。

Tomcat 是一个免费的开放源代码的 Web 服务器软件，由 Apache、Sun 和其他公司共同开发。由于有了 Sun 的参与和支持，最新的 Servlet 和 JSP 规范总是能在 Tomcat 中及时得到体现。

Tomcat 既对动态网页提供支持，也对静态网页提供支持。但是它的功能没有通常的 Web 服务器丰富，速度也相对较慢，所以通常将 Tomcat 与 Apache 结合起来使用。Apache 负责接收所有来自客户端的 HTTP 请求，然后将 Servlet 和 JSP 的请求转发给 Tomcat 来处理。Tomcat 完成处理后，将响应传回 Apache，最后 Apache 将响应返回给客户端。

# 5.4　电子邮件系统

电子邮件又称 E-mail，是 Internet 上最基础、最重要的服务，也是应用最广泛的服务之一。

## 5.4.1　电子邮件系统的组成

电子邮件系统由三个主要的构件所组成，分别是邮件客户端、邮件服务器以及邮件协议。

### 1. 协议支持

电子邮件系统中邮件的收发及传递需要邮件协议的支持。邮件协议分为邮件发送协议和邮件读取协议。邮件发送协议用于支持邮件的发送过程，如 SMTP。邮件读取协议用于支持邮件的读取过程，如 POP3 和 IMAP。

### 2. 邮件服务器

邮件服务器系统实质上是实现邮件传递的服务程序，通常运行在高性能的服务器上，在电子邮件系统中充当着"邮局"的角色，是电子邮件系统的核心。

邮件服务器包含了发送邮件服务器和接收邮件服务器。发送邮件服务器使用 SMTP 接收邮件客户端发出的邮件并与 Internet 中的其他邮件服务器相互传递邮件，所以又称为 SMTP 服务器。接收邮件服务器使用 POP3 或 IMAP 将邮件传递到邮件接收方的邮件客户端，所以又称为 POP3 服务器或 IMAP 服务器。发送邮件服务器和接收邮件服务器可以运行在同一台计算机上，也可以运行在不同的计算机上。

### 3. 邮件客户端

邮件客户端也叫用户代理，是运行在用户本地计算机中的一个程序，它是用户与电子邮件系统的接口。邮件客户端支持 SMTP 和 POP3（或 IMAP），它使用 SMTP 向 SMTP 服务器发送邮件，使用 POP3 从 POP3 服务器上读取邮件。

邮件客户端程序应具有显示邮件、撰写和编辑邮件、接收和发送邮件等功能并提供良好的操作界面。目前常用的邮件客户端软件有微软的 Outlook Express 和国产软件 Foxmail 等。

### 4. 电子邮箱

使用电子邮件的前提是首先要拥有电子邮箱。电子邮箱是由提供电子邮件服务的机构（ISP）为用户建立的，实质上是在该机构与 Internet 相连的 POP3 服务器上为用户建立一个用户账户（用户名），并分配一个专门用于存放邮件的磁盘存储区域。每个电子邮箱都有一个地址，称为电子邮件地址，其格式是：用户名@邮件服务器地址。

## 5.4.2  电子邮件协议

### 1. SMTP

SMTP（Simple Mail Transfer Protocol）叫作简单邮件传输协议，是一个基于文本的、提供可靠电子邮件传输的协议，它规定了进行通信的两个 SMTP 进程之间交换信息的方式和规则。为了保证邮件的正确发送，SMTP 在传输层使用 TCP 协议，TCP 为 SMTP 分配的默认端口号是 25。

SMTP 采用客户机/服务器工作方式，负责 SMTP 发送的进程为客户机，负责 SMTP 接收的进程为服务器。客户机和服务器之间的对话是通过发送 SMTP 命令和接收 SMTP 反馈的应答来完成的。SMTP 规定了 14 条命令和 21 种应答信息。客户机和服务器之间的 SMTP 通信过程，要经历三个步骤完成：建立连接、邮件传送和释放连接。

### 2. POP3

POP3（Post Office Protocol version3）即邮局协议第 3 版，它规定了如何将邮件从服务器中取出后传输到接收方的客户端。

POP3 也采用客户机/服务器工作方式，邮件客户端向 POP3 邮件服务器的 TCP 端口 110 发出建立连接请求，当 TCP 连接建立后，首先进入认证阶段，验证客户端提供的用户名和密码。认证通过后进入处理阶段，此时客户端可向 POP3 服务器发送命令来完成读取邮件等操作，这一过程一直持续到连接中止。邮件取到客户端后，用户就可以在本地客户端阅读和处理。如果又有新的邮件要发送，则可再次执行发送操作，建立与 POP3 服务器的连接。

### 3. IMAP4

IMAP（Internet Message Access Protocol）即 Internet 信息访问协议，它是一个比 POP3 功能更强的邮件读取协议，常用的是第 4 版本。

IMAP4 改进了 POP3 的不足，用户可以在下载邮件前预览邮件的相关信息，使用户可以有选择地接收邮件，用户还可以为自己的邮箱创建便于分类管理的层次式的邮箱文件夹。IMAP4 使用户读取邮件更加灵活、方便，但是它占用的存储空间比较大。IMAP4 除了支持 POP3 的脱机访问模式之外，还支持在线访问模式和分离访问模式。

- 脱机访问模式：仅当用户的客户端与邮件服务器保持连接状态时才能读取邮件，用户的邮件从服务器全部下载并保存在用户客户端中，其访问方式与 POP3 类似。

- 在线访问模式：用户客户端与邮件服务器始终保持连接，邮件保存在邮件服务器端，用户可以通过客户端对邮件进行编辑、回复和删除等操作，其访问方式与 WebMail 相似。

- 分离访问模式：是在线模式与脱机模式的混合方式。在这种模式下，客户端周期性地连接到邮件服务器，选取相关的邮件并保存在自身的高速缓存中，被选取的邮件仍然保存在邮件服务器上。保存在缓存中的邮件可以在脱机状态下读取、删除或重组。待下一次连接到来时，将进行同步处理，使邮件状态相一致。

### 4. MIME

SMTP 为了保证简单性，规定只能发送 7 位 ASCII 格式的报文，为了能够传输图像、视频、音频等二进制文件以及对多种语言的支持，多用途 Internet 邮件扩充协议 MIME（Multipurpose Internet Mail Extension）作为一种补充协议被提出来。

MIME 并没有改动或取代 SMTP，它是在原有格式基础上增加了邮件主体的结构，并定义了传送非 ASCII 码的编码规则。它的实质是将二进制格式信息先转换成 ASCII 文本，然后随同电子邮件发送，接收方收到这样的邮件后，根据邮件信头的说明，进行逆转换，还原成原来的格式。

### 5. WebMail

WebMail 是指使用浏览器，通过 HTTP 协议访问、管理邮件的一种电子邮件访问方式。这种方式的优势在于用户的邮件都保留在邮件服务器上，用户可以不分时间、地点，在任何一台装有浏览器的计算机上立即从服务器上获取自己的邮件。

在 WebMail 方式中，电子邮件从用户的浏览器发送到 SMTP 服务器以及接收方用浏览器读取邮件时，使用的都是 HTTP。邮件服务器之间的传送使用的仍然是 SMTP。

## 5.4.3　电子邮件系统的工作过程

电子邮件系统的工作是基于客户机/服务器模式。邮件的发送并不是直接在发送方和接收方的计算机之间直接传送，而是通过发送方邮件服务器（发送方电子邮箱所在服务器）中转到接收方邮件服务器（接收方电子邮箱所在服务器）。邮件服务器必须能够同时充当客户机和服务器。当某一服务器向其他服务器发送邮件时，该服务器就是 SMTP 的客户端；而当它接收其邮件时，它就是 SMTP 服务器。如图 5-9 所示（图中标号为步骤序号），电子邮件系统的工作过程如下。

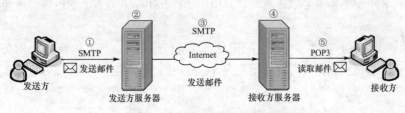

图 5-9　电子邮件系统的工作过程

（1）发送方通过邮件客户程序撰写并发送邮件。邮件客户程序使用 SMTP 向发送方 SMTP 服务器发送邮件。

（2）发送方 SMTP 服务器收到客户端发来的邮件后，把邮件临时存放在邮件缓存队列中等待发送。等待的时间取决于邮件服务器的处理能力和队列中待发送的邮件数量。

（3）发送方 SMTP 服务器与接收方 SMTP 服务器建立了 TCP 连接，把邮件发出。

（4）接收方 SMTP 服务器将收到的邮件放入接收方的电子邮箱中，等待接收方读取。

（5）接收方在本地计算机上运行邮件客户程序，客户程序使用 POP3 从接收方的 POP3 服务器上将邮件读取到自己的本机中。

# 5.5  文件传输 FTP

文件传输是网络上的一个重要应用，利用它用户能够从网络上获取很多的软件和工具，实现用户之间的文件交换等功能。

## 5.5.1  文件传输协议 FTP

文件传输使用的协议是 FTP（File Transfer Protocol），即文件传输协议。FTP 是 TCP/IP 协议簇中的一个应用层协议，它支持两台主机间的文件传输，无论两台主机的距离有多远、运行什么操作系统、采用什么技术与网络连接，都能够通过 FTP 把文件从一台主机复制到另外一台主机。

FTP 主要具有以下功能。

（1）允许在本地计算机与远程计算机间传送（复制）文件。FTP 既允许从远程计算机获取文件，通常称为文件下载（Download），也允许将本地计算机的文件复制到远程计算机上，通常称为文件上传（Upload）。

（2）能够传输多种类型、多种结构和多种格式的文件。允许用户选择文本文件（ASCII）、二进制文件（Binary）两种文件类型和文件（File）、记录（Record）、页（Page）三种文件结构，还可以选择文件的格式以及文件传输的模式等。用户可以根据 FTP 会话双方所使用的系统及要传输的文件，确定在文件传输时选择哪一种文件类型和结构。

（3）提供对远程计算机的文件、目录操作功能。可在远程计算机上建立或删除目录、更改文件名或删除文件等。

## 5.5.2  FTP 的基本工作原理

FTP 采用客户机/服务器工作模式，要求被访问的主机必须运行 FTP 的服务程序，称为 FTP 服务器，用户要访问 FTP 服务器则必须在本地计算机上运行 FTP 客户程序，通过该程序与 FTP 服务器传输文件。

FTP 使用 TCP 在客户机和服务器之间建立可靠的传输服务。与其他客户机/服务器应用模式不同的是，FTP 在客户机和服务器之间使用两个 TCP 连接，一个是控制连接，用于传送控制信息（命令和响应），使用默认端口号 21；一个是数据连接，用于数据传输，使用默认端口号 20，如图 5-10 所示。

在整个 FTP 会话中，控制连接始终是处于连接状态，数据连接则是在每一次文件传送时打开，数据传送完毕就关闭。

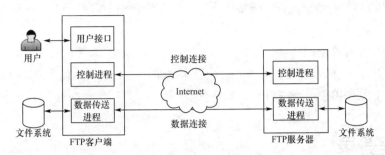

图 5-10　FTP 的基本模型

FTP 是一种实时的联机服务，用户在访问 FTP 服务器时首先要进行登录，即输入其在 FTP 服务器上的合法账号和密码。只有成功登录的用户才能访问该 FTP 服务器并对授权的文件进行下载。但对于公共文件资源，FTP 提供了一种称为匿名 FTP 的访问方法，即用户可使用 anonymous 作为账号，以 guest 或用户的邮件地址作为密码进行登录，从而能够访问并下载公共目录下的文件资源。

### 5.5.3　FTP 服务器程序和客户程序

**1. FTP 服务器程序**

提供 FTP 服务首先要在主机上安装 FTP 服务器程序并进行相应配置来构建一个 FTP 服务器。不同的操作系统平台，使用不同的 FTP 服务器程序。

运行在 UNIX 操作系统上的 FTP 服务器程序种类很多，常见的有 vsftpd、proftpd 和 glftpd 等，它们可以运行在诸如 Linux、BSD、Solaris 和 HP-UNIX 等系统上，是完全免费的、开放源代码的 FTP 服务器软件。

微软的 IIS 是运行在 Windows 服务器版本上的一个 FTP 服务器程序，它的登录账号是和 Windows 系统账号紧密相关的，也就是说该 FTP 不具备建立独立账号的功能，其配置方法见第 7 章 7.3.5 节。

Serv-U、FileZilla 是运行在 Windows 平台上的 FTP 服务器软件，它们支持所有的 Windows 操作系统系列，登录账号与操作系统无关。它们能够将任何一台个人计算机设置成一台 FTP 服务器。

**2. FTP 客户程序**

要使用 FTP 服务，需要在本地计算机上运行一个 FTP 客户程序。FTP 客户程序有多种类型，用户既可以使用专用的工具软件，也可以使用 Web 浏览器内置的 FTP 功能。

（1）FTP 命令

在 UNIX 系统和 Windows 系统中都包含了一个基于命令行方式的 FTP 程序。FTP 命令是以交互方式工作的。

（2）FTP 专用软件

常用的 FTP 专用客户软件有 FileZilla、FlashFXP、CuteFTP 和 WS_FTP 等，其主要特点如下。

● 界面友好：用两个窗口分别显示本地计算机和 FTP 服务器的文件目录结构，文件的下载和上传通过单击或拖动鼠标即可完成。

● 保存 FTP 站点地址：能够保存 FTP 站点的连接地址及连接参数（如登录账号、密码等），重复访问已保存的站点时，无需再输入地址和参数，方便又快捷。

- 队列传输：可以从不同的目录中选择多个文件放到传输队列中，再统一下载。
- 支持断点续传：在传输过程中网络连接中断，再次连接后可以找到文件断点并从断点处继续传输。

（3）Web 浏览器内置的 FTP

Internet Explorer 和 Firefox 等浏览器均已内置了 FTP 功能，它可以让用户连接上某个 FTP 站点并下载文件，其 URL 中的协议是 FTP。

# 5.6  远程登录

远程登录又叫 Telnet，它使用的协议是 Telnet（Telecommunication Network Protocol），是 Internet 最早提供的服务之一。

## 5.6.1  Telnet 的功能

远程登录服务能够使用户通过本地计算机登录到网络上另一台远程计算机上。一旦成功地实现了远程登录，用户在本地计算机键盘上的输入，都被传送到远程计算机上，远程计算机的响应信息也都显示在本地计算机的屏幕上，就如同用户的键盘和显示器是与远程计算机直接相连一样。用户的计算机像一台与远程计算机直接相连的本地终端一样进行工作，使用远程计算机对外开放的全部资源，如硬件、应用程序及信息资源等。

## 5.6.2  Telnet 的工作原理及应用

### 1.  Telnet 的工作原理

Telnet 是 TCP/IP 协议簇中的一个应用层协议，它也是基于客户机/服务器工作模式。被登录的远程计算机上必须运行 Telnet 服务程序，而在本地计算机上必须运行 Telnet 客户程序。服务器程序随时准备接收和处理 Telnet 客户程序的请求，与之建立 Telnet 会话并将输出信息发送给客户程序。客户程序主要负责接收用户输入的命令及其他信息，对命令及信息进行处理并将相应的信息通过 TCP 连接发送给服务器程序，接收服务器回送的信息并显示在屏幕上。

为适应异构计算机和操作系统环境，Telnet 定义了在 Internet 上传输数据和命令序列的方式，此定义被称为网络虚拟终端 NVT（Network Virtual Terminal）。客户程序把来自用户终端的按键和命令序列转换为 NVT 格式并发送到服务器。服务器程序将收到的数据和命令从 NVT 格式转换为远程系统需要的格式。对于返回的数据，远程服务器将数据从远程计算机系统的格式转换为 NVT 格式，并且本地客户程序将数据从 NVT 格式转换为本地计算机系统的格式。

使用 Telnet 协议进行远程登录时需要满足以下条件：在本地计算机上必须装有包含 Telnet 协议的客户程序；必须知道远程主机的 IP 地址或域名；必须拥有远程主机上的登录账号和密码。

Telnet 的工作过程分为下面 5 步。

（1）本地客户端与远程主机建立连接。该过程实际上是建立一个 TCP 连接，用户必须知道远程主机的 IP 地址或域名。

（2）本地客户端将本地终端输入的用户名、密码及以后输入的任何命令或字符以 NVT 格式传送到远程主机。该过程实际上是从本地主机向远程主机发送一个 IP 数据报。

（3）远程主机接收客户端发来的 NVT 格式的数据，将其转换为远程主机系统的格式（使得字符似乎来自本地键盘），并将命令的执行结果等以 NVT 格式回送给本地客户端。

（4）客户端将远程主机送出的 NVT 格式的数据转换为本地主机所接受的格式送回本地终端，包括输入命令回显和命令执行结果。

（5）最后，本地终端对远程主机撤销连接，该过程是撤销一个 TCP 连接。

### 2. Telnet 的应用

Telnet 最基本的应用之一就是远程访问，通过远程登录到一些应用服务器上，对应用服务器的操作系统及应用软件进行维护和更新等。Telnet 另一方面的应用就是共享远程系统中的资源，例如计算资源、硬件资源和存储资源等。

要登录远程计算机，用户必须拥有远程计算机上的登录账号和密码。很多开放式的 Telnet 服务，提供了公共的登录账号，例如 guest，常见的应用是 BBS（电子公告系统）。

除了 Windows 系统内置的 Telnet 客户程序外，还有很多图形界面的 Telnet 客户软件，如 Cterm、Sterm 和 Netterm 等，这些软件具有操作简单、界面友好等特点。

## 5.7　动态主机配置协议

### 5.7.1　DHCP 的功能

动态主机配置协议（Dynamic Host Configuration Protocol，DHCP）是用于简化主机 IP 地址配置管理的 TCP/IP 标准。利用 DHCP 可以解决以下两方面的问题。

### 1. 自动分配 IP 地址及相关的 TCP/IP 配置信息

TCP/IP 网络上的每台计算机都必须有唯一的 IP 地址。当一台计算机要接入 Internet，就必须为它设置 IP 地址和相关的 TCP/IP 配置信息。当一台计算机要移动到不同的子网时，也必须更改 IP 地址和相关的 TCP/IP 配置信息。手工配置和修改这些信息，势必会增加很多工作量，而使用 DHCP 则能够自动为网络中的计算机分配 IP 地址并设置相关的 TCP/IP 配置信息，这些配置信息包括：子网掩码、默认网关和 DNS 服务器地址等。

### 2. 解决 IP 地址不足的困扰

随着网络规模的不断扩大，IP 地址资源也越发紧缺，常常出现 IP 地址不足的情况。这时可利用 DHCP 动态地分配 IP 地址来解决，即在 DHCP 服务器管理的可分配 IP 地址空间中，随机选取一个可用的 IP 地址暂时分配给某台计算机，到达使用期限后，收回该地址，再分配给其他计算机使用。

### 5.7.2　DHCP 的工作原理

使用 DHCP 方式来自动分配 IP 地址时，整个网络中至少要有一台安装了 DHCP 服务程序的计算机，即 DHCP 服务器。通过 DHCP 获取 IP 地址的计算机被称为 DHCP 客户端，客户端也必须支持自动获取 IP 地址的功能（参看 7.4.3 节）。一个支持 DHCP 的网络示例如图 5-11 所示。

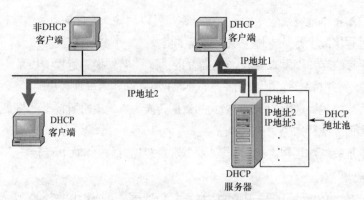

图 5-11　一个支持 DHCP 的网络示例

当 DHCP 客户端的计算机启动时，会自动与 DHCP 服务器通信，以便从 DHCP 服务器获取 IP 地址等 TCP/IP 相关信息。DHCP 服务器在收到 DHCP 客户端的请求后，会根据 DHCP 服务器的配置，以两种方式向 DHCP 客户端提供 IP 地址。

- 永久性分配：向 DHCP 客户端提供一个可永久使用的固定 IP 地址。
- 动态随机分配：从 DHCP 服务器管理的地址池中随机分配一个可用的 IP 地址，暂时供客户端使用。

通常将 DHCP 客户端向 DHCP 服务器申请 IP 地址称为 DHCP 租约，整个租约过程分为四步。如图 5-12 所示（图中编号为步骤序号）。

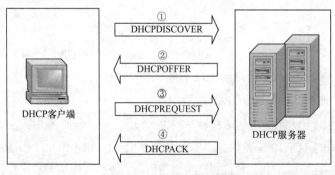

图 5-12　DHCP 的工作过程

① DHCP 客户端发出一条广播请求，即 DHCPDISCOVER 信息包，以便查找一台能够提供 IP 地址的 DHCP 服务器。DHCPDISCOVER 信息包包含客户机的 MAC 地址和计算机名，以便 DHCP 服务器能够确定哪个客户机发出的请求。

② DHCP 服务器接收到 DHCP 客户端的 DHCPDISCOVER 信息包后，从地址池中选择一个尚未分配的 IP 地址，然后利用广播的方式向客户端发出 DHCPOFFER 信息包。DHCPOFFER 信息包包含了客户机的 MAC 地址和 DHCP 服务器的 IP 地址等。

③ 当 DHCP 客户端从某个 DHCP 服务器接收了 DHCPOFFER 并选择 IP 地址后，就广播 DHCPREQUEST 信息包。该信息包包含了向客户端出租 IP 地址的 DHCP 服务器的 IP 地址，告知网络中所有的 DHCP 服务器，它将要和指定的 DHCP 服务器签约。DHCP 客户端在收到 DHCPOFFER 后，会先检查包含在 DHCPOFFER 信息包内的 IP 地址是否已被其他计算机使用。检查时，它会发出

一个 ARP 请求信息包。如发现地址已被使用，DHCP 客户端则发出一个 DHCPDECLINE 信息包给 DHCP 服务器，然后重新开始发送 DHCPDISCOVER 信息包，以便获得另一个 IP 地址。

④ DHCP 服务器收到 DHCP 客户端的 DHCPREQUEST 信息包后，用广播方式发出确认信息，即 DHCPACK 信息包，其中包含了客户端的 MAC 地址、一个有效的 IP 地址、子网掩码、默认网关、DNS 服务器和 IP 租约期限等信息。

DHCP 客户端在收到 DHCPACK 信息包后，对本机进行 TCP/IP 配置，然后就可以使用该 IP 地址与网络中的其他计算机进行通信了。

若 DHCP 客户端想要延长其 IP 地址使用期限，则必须续订 DHCP 租约。续约的过程是：DHCP 客户端将 DHCPREQUEST 信息包直接发送到原签约的 DHCP 服务器，DHCP 服务器会响应一个 DHCPACK 信息包，这样客户端就可以继续使用原来的 IP 地址并获得一个新的租约。若续约请求未能成功，DHCP 服务器则会发一个 DHCPNAK 信息包给客户端，客户端将重新开始 DHCP 租约过程。

DHCP 客户端的续约通常是自动进行的。当 DHCP 客户端重新启动或 IP 租约过期一半时，都会自动发送一个续约请求。

### 5.7.3　DHCP 服务器的部署

在一个网络中可以采用多种方法来部署 DHCP 服务器。例如，在一个子网中部署一台 DHCP 服务器、在一个子网中部署多台 DHCP 服务器或者在多个子网中部署一台 DHCP 服务器等，下面是这几种部署方法的示例。

示例 1：在一个子网中部署一台 DHCP 服务器，如图 5-13 所示。

其中 DHCP 的作用域是 192.168.2.1~192.168.2.250。所谓作用域是指可租借给 DHCP 客户端的有效 IP 地址范围。

示例 2：在一个子网中部署两台 DHCP 服务器，如图 5-14 所示。

安装多台 DHCP 服务器能够提供容错的功能，当其中一台 DHCP 服务器出现故障时，其他 DHCP 服务器可以继续提供服务，但是这些 DHCP 服务器的作用域不能重叠，否则会发生 IP 地址冲突。本示例中，Server1 的作用域是 192.168.3.10~192.168.3.254，但排除范围是 192.168.3.206~192.168.3.254，所以 Server1 的作用域实际上是 192.168.3.10~192.168.3.205。Server2 的作用域实际上是 192.168.3.206~192.168.3.254。

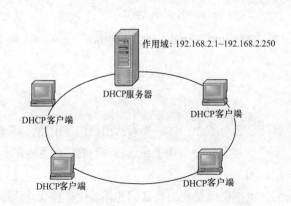

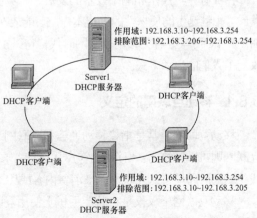

图 5-13　在一个子网中部署一台 DHCP 服务器示例　　图 5-14　在一个子网中部署两台 DHCP 服务器示例

示例 3：在两个网段内（通过 IProuter 来连接）部署一台 DHCP 服务器，如图 5-15 所示（图中编号为步骤序号）。

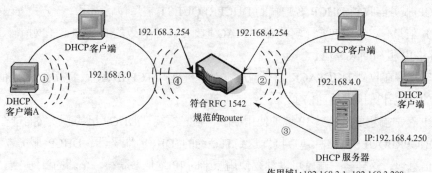

图 5-15　在两个网段内部署一台 DHCP 服务器示例

由于 DHCP 服务器与 DHCP 客户端分别位于不同的网段内（通过 IProuter 来连接），而 DHCP 的租约主要以广播形式发送，但大多数的路由器并不会将广播信息传递到不同的网段内，因此必须选择符合 RFC 1542 的 TCP/IP 标准规格的路由器。这种规格的路由器可以配置成将 DHCP 信息转发到其他的网段内。其租约的过程是如下。

① DHCP 客户端发出 DHCPDISCOVER 请求，寻找 DHCP 服务器。

② Router 收到此信息包后，在该信息包中填入路由器的 IP 地址（192.168.3.254）并将此广播信息包（DHCPDISCOVER）转发到另一个网段。

③ DHCP 服务器收到此信息包后，得知 DHCP 客户端位于 192.168.3.0 网段，从作用域 1 中选择可用的 IP 地址，直接向 Router 发送 DHCPOFFER 信息包。

④ Router 将 DHCPOFFER 信息包广播给 DHCP 客户端 A。随后由 DHCP 客户端送出的 DHCPREQUEST 信息包和 DHCP 服务器送出的 DHCPACK 信息包，都是通过 Router 转发的。

# 5.8　移动互联网

伴随计算机技术和网络技术的发展，计算机向着更加智能、更加便携，同时也更加易用的方向发展。相继诞生的便携性的笔记本电脑、能放在口袋里随时随地使用的智能手机，后 PC 时代正式来临。后 PC 时代亦称为移动互联网时代，它真正做到 "Anytime、Anywhere、Anyway" 上网，促进并改变了人们的生活方式。

## 5.8.1　移动互联网的定义

移动互联网通常是指将移动通信和互联网二者结合起来成为一体。如果从用户角度出发，移动互联网则可以描绘为："移动的客户从自身需求出发，能够通过以智能手机、移动互联设备为主的无线终端随时随地接入互联网，来消费内容或/和使用应用"。

移动互联网不仅仅是在智能手机上使用互联网，也不仅仅是桌面互联网的移动化。移动互联网把手机独有的位置、随身携带、实时移动等功能和互联网这一新技术有机结合起来，创造出很多新应用、新模式，形成产业互联网化、互联网产业化两大趋势。

### 5.8.2　移动互联网的特点

移动互联网的特征可概括如下。

（1）移动性：从 2G、3G 到 4G，移动通信技术的发展使智能终端随时随地接入互联网，互联网逐步移动起来。特别是因为 4G 的高速解决了传输瓶颈问题，真正实现了移动宽带，让长久以来被网线所束缚的互联网获得自由。

（2）便携性：移动互联网的基础是智能终端。而智能眼镜、手表和手环等穿戴设备的兴起使智能终端成为人类身体器官的延伸。

（3）即时性：由便携性和便利性引发而来。碎片化时间，即刻使用互联网。另外，对互联网反馈速度的需求也进一步提高。

（4）私密性：智能手机已经成为隐私最多的设备。隐私通常包括两个部分：一个是私人信息，另一个是生活习惯的隐私。

（5）大数据：由于即时性、移动性等特点，信息的输入源由于节点的增加而大大增加，移动互联网有海量信息。

（6）个性化：移动互联网的每一次使用都精确地指向一个明确的个体。再加以大数据技术，移动互联网能够为每一个个体提供更为精确的个性化服务。

（7）智能化：电视、汽车等传统设备的智能化衍生出新形态。同时，除了人机交互更加智能，更重要的是重力感应、磁场感应，甚至人体心电感应、血压感应、脉搏感应等传感器使通信从人与人通信向更智能的人与物以及物与物演进。

### 5.8.3　移动互联网发展的要素

移动互联网发展的三大要素：端、管、云。

**1. 端**

如图 5-16 所示，移动互联网包含智能终端、系统软件和应用软件三个层面。

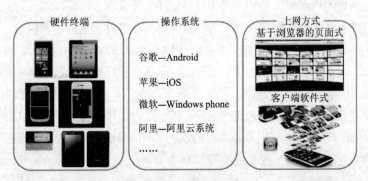

图 5-16　移动互联网三要素

- 智能终端层包括智能手机、平板电脑和电子书等。
- 系统软件包括操作系统、中间件、数据库和安全软件等。
- 应用软件层包括休闲娱乐类、工具媒体类和商务财经类等不同应用与服务。

硬件性能、操作系统、APP 应用使智能终端已经成为便携、能满足各种功能的超级移动互联网载体。2007 年是智能终端发展的重要一年。这一年，iPhone 手机面世，触摸的人机交互方式、创新的 APP Store 商业模式引发移动智能终端大发展；2007 年，谷歌宣布推出 Android 手机操作系统，首款 Google 手机 HTC G1 面世；亚马逊发布了第一代 Kindle，开始进军电子书阅读器市场；诺基亚宣布正式转型移动互联网服务提供商。互联网开始向移动互联网发展。在中国，2009 年通常被认为是 3G 移动互联网元年。而这一年，iPhone 终于进入中国市场。在模拟时代大放异彩的摩托罗拉也在第一时间推出了第一款 Android 手机 Cliq。

从形态上看，设备经历了 5 次较大变化：大型计算机、小型计算机、台式计算机、个人计算机和移动智能设备，逐步演进成移动互联网业务的重要载体，成为工作、生活、娱乐不可或缺的一部分。在演进过程中呈现出个人化、移动化和融合化三大趋势。

硬件处理能力提升、操作系统支撑和应用爆发等因素带来了智能终端的多样化功能，MP3、MP4、相机等多种电子消费产品逐步被智能手机终端融合吸收；同时，随着细分市场的差异化需求，智能终端也在向可穿戴等更丰富的形态衍生，进入泛终端时代，同时造成了第一轮的产业革命。

在移动互联网操作系统上，经过功能机及塞班系统之后，目前比较流行的主要有苹果的 iOS、谷歌的 Android、微软的 Windows phone 和阿里的阿里云系统等。

2. 管

在移动通信史上，大概每过 10 年，就会有一个技术升级。

- 1G：1983 年美国 APMS 商用移动通信技术，是第一代移动通信及其技术的简称。1G 主要是语音通信，传输速率为 2.4kbit/s。

- 2G：1992 年芬兰 GSM 商用移动通信技术，是第二代移动通信及其技术的简称。2G 实现了语音通信向数据通信的转变，传输速率达到 64kbit/s。

- 3G：2001 年，日本 WCDMA 商用移动通信技术，是第三代移动通信及其技术的简称。3G 主要有三大标准，其中 2008 年中国提出的 TD-SCDMA 标准是全球 3G 标准之一。进入 3G 时代以来，数据传输速率达到 2.8Mbit/s。3G 与 2G 的主要区别是在传输声音和数据的速度上的提升，它能够在全球范围内更好地实现无线漫游，并处理图像、音乐和视频流等多种媒体形式，提供包括网页浏览、电话会议和电子商务等多种信息服务，同时与已有第二代系统具有良好兼容性。

- 4G：2009 年瑞典、丹麦 LTE 商用移动通信技术，是第四代移动通信及其技术的简称。2013 年底，中国进入 4G 时代。4G 具有高速率、低时延、永远在线三大优势，特别适合移动互联网业务。其 100Mbit/s 的高速率解决了无线传输的瓶颈，满足了用户随时随地移动接入体验；因为采用了通信端到端的制式，交互速度非常快，原来在 3G 可能需要几百毫秒的交互时间到 LTE 时代可能变成了几十毫秒；因为永远保持一个 IP 随时能够唤醒的状态，4G 可保持永远在线，随时可以发起业务，不用再登记注册，例如：即拍即传、视频监控等。

- 5G：是第五代移动通信技术的简称，正在研究中，目前还没有一个具体标准。中国、日本、韩国、欧盟都在投入资源研发 5G 网络。

3. 云

移动互联网的一切内容和应用都将投入"云"中，云计算（Cloud computing）是移动互联网时代各类业务和服务的承载平台，通过把大量的 IT 资源、数据和应用等高度虚拟化资源管理起来，组成一个大的资源地。云计算可以让你体验每秒 10 万亿次的运算能力，用户通过电脑、笔记本和手机等方式接入数据中心，按自己的需求进行运算。

做移动应用开发离不开云。开发者可以从公用云和私有云两个角度考虑。对于公用云，可以利用第三方提供商（如中国移动）为用户提供能够使用的云，免费或低成本取得服务。对于私有云，可以依据用户需要开展云服务应用实践，提出一些有价值的云服务模型和架构，为用户整合资源，向云服务的总体方向探索。

### 5.8.4　移动互联网的发展趋势

#### 1. 智能移动终端的普及率进一步提高

以智能手机为代表的智能移动终端将拥有很高的市场占有率。同时，智能终端与台式机、笔记本电脑的界限越来越模糊，许多以前只能在台式机或笔记本实现的功能都可以在智能移动终端上实现。

#### 2. 搜索仍将是移动互联网的主要应用

与传统互联网模式相比，移动互联网同样对搜索的需求量非常大，在移动的状态下，非常适宜去搜索相关信息。移动搜索仍然将是移动互联网的主要应用。

#### 3. 移动与桌面互补

移动与桌面的优势将互补，实现移动和互联网的互补效应。例如，在周末，移动互联网的使用率更高，而台式机主要在工作日，当用户更多地使用移动终端接入互联网时将为应用厂商带来巨大商机。

#### 4. 基于位置的服务（LBS）日益普及

LBS 将是移动互联网中主流应用之一。与固定网络相比，移动互联网在位置服务和位置信息上有非常大的优势，厂商可以基于用户的位置信息进行更多的服务和整合。比如，当你在某个陌生的地方，可能打开你的移动终端，就能方便找到附近的酒店、餐馆以及娱乐场所了。

#### 5. 移动互联网将带来新型消费模式

移动互联网的消费模式与台式机和笔记本电脑有很大不同，用户希望有更多的个性化服务。所以未来如何捕捉移动互联网的用户，为其提供全新的信息服务消费方式成为业界关注的焦点。

#### 6. 市场发展空间巨大

目前基于移动互联网的市场还有很多尚待挖掘，拥有无限想象空间，伴随着移动互联网时代的到来，智能终端普及以及云计算的大规模普及，很多过去想象的应用都将成为可能。

#### 7. 移动互联网是开放的

在移动互联网时代，平台、应用以及终端都应当遵守开放、自由和公平的原则，让用户真正获得最好的应用，才能获得用户的欢迎。

#### 8. 云计算改变移动互联网

移动互联网将更多基于云的应用和云计算上，当终端、应用、平台、技术以及网络在技术和速度提升之后，将有更多创意新和实用强的应用出现。

# 5.9 基于 IPv6 的互联网

随着网络规模的持续扩大和新业务需求不断增长，基于 IPv4 的互联网发展遇到了许多挑战，如地址空间不足、网络安全漏洞多、服务质量不佳和缺乏可运营管理的有效机制等。这些缺陷已经导致了互联网高速发展中的一系列严峻问题，并且很难在现有技术体系下通过有限的改良得到解决。由此开始了基于 IPv6 的新一代互联网的研究和建设。 IPv6 是 Internet Protocol Version 6 的缩写，它是 IETF（互联网工程任务组，Internet Engineering Task Force）设计的用于替代现行版本协议 IPv4 的新一代互联网协议，号称可以为全世界的每一粒沙子编上一个网址。

## 5.9.1 IPv6 的发展历史

从 1996 年起，发达国家就在对互联网进行更深层次的研究，相继制定了新一代互联网发展计划。1996 年美国国家科学基金会资助了新一代互联网研究计划，建立了相应的高速网络试验床 vBNS。1998 年美国大学先进网络研究联盟（UCAID）成立，设立了 Internet2 研究计划并建立了高速网络试验床 Abilene。1998 年亚太地区先进网络组织 APAN 成立，建立了 APAN 主干网。2001 年欧共体资助新一代互联网研究计划，建成 GEANT 高速试验网。通过这些计划的实施，全球已初步建成大规模先进网络试验环境。2002 年以来，新一代互联网的发展非常迅速。美国的 Abilene 和欧盟的 GEANT 不仅在带宽方面不断升级，而且还全面启动向 IPv6 的过渡策略，并相继开展了大量基于 IPv6 的网络技术试验和应用试验。Internet2 与 GEANT 还在 2002 年完成了 5Gbit/s 的高速互联。在此基础上，美国 Internet2 又联合欧洲 GEANT 和亚太地区新一代互联网 APAN 发起"全球高速互联网 GTRN"计划，积极推动新一代互联网的全球性研究和开发。

我国在 IPv6 互联网方面也开展了多项研究，如国家自然科学基金委员会的"中国高速互联研究实验网络（NSFCNET）"、"九五"期间的 CAINONET、"十五"期间的 IPv6 核心技术开发、中科院的"IPv6 关键技术及城域示范网"等。从 1998 年起，中国教育和科研计算机网 CERNET 建成 IPv6 试验床 CERNET-IPv6。2000 年中国高速互连研究试验网络 NSFCNET 和中国新一代互联网交换中心 Dragon TAP 建成。2002 年 1 月"下一代互联网中日 IPv6 合作项目"启动，到 2005 年 3 月，中日 IPv6 试验网已经建成并投入运行。2003 年国家启动了中国新一代互联网示范工程 CNGI。经过几年的努力，建成了大规模 CNGI 示范网络。示范网络包括 6 个主干网，分别由中国教育和科研计算机网 CERNET、中国电信、中国联通、中国网通/中科院、中国移动和中国铁通承担建设，覆盖了全国 22 个城市，连接了 59 个核心节点。在北京和上海分别建成 2 个 CNGI 国际/国内互联中心，实现了 6 个主干网之间的互联，并连接了美国、欧洲、亚太地区的新一代互联网。2008 年 8 月，国家又启动了 CNGI 的二期工程，重点解决推动基于 IPv6 的新一代互联网商用化时遇到的一些"产业性"问题。

应对 IPv4 地址耗尽已成为不可避免的、全球性的战略问题。欧盟委员会 2008 年 5 月底发布公告，鼓励欧盟企业、政府机关和个人使用新一代互联网协议 IPv6，在 2010 年年底前实现了 25% 的企业、政府机关和个人使用 IPv6。日本政府制定了"e-Japan"的战略，明确了 IPv4 向 IPv6 过渡的时间表和路线图。美国也在 IPv6 上开始发力，美国的 IPv6 地址在 2008 年 5 月份突然从一个月前的全球第 11 位猛增至全球第一（与美国要求所有政府部门在 2008 年 6 月 30 日前必须部署 IPv6 有关）。而韩国从 2013 年开始全面启用 IPv6，从而成为全球率先普及 IPv6 的国家。

### 5.9.2 IPv6 的优势

基于 IPv6 的互联网是为了应对现行 IPv4 互联网的挑战而产生的，与现行 IPv4 互联网相比，其具有如下优势。

- 规模更大：新一代互联网采用 IPv6 协议，其 IP 地址的长度由原来的 32 位扩展到 128 位，形成了一个巨大的地址空间。在可预见的很长时期内，它能够为所有可以想象出的设备提供一个全球唯一的地址。

- 速度更快：网络的传输速度方面，IPv6 将比现行 IPv4 提高千倍以上。

- 更安全：目前的计算机网络因为种种原因在体系设计上有一些不够完善的地方，新一代互联网在建设之初就从体系设计上充分考虑安全问题，使网络安全的可控性、可管理性大大增强。

### 5.9.3 IPv6

随着 Internet 的高速发展，IPv4 暴露出越来越多的局限性。首先就是地址空间不足，由于早期地址分配的不合理，造成了大量的地址浪费，特殊地址、保留地址等又占用了一部分。由于地址短缺，互联网中大量的使用地址转换技术（NAT），破坏了原来互联网端到端的模型结构，给 IP 通信带来很多问题。在安全性、移动性和 QoS 等方面也无法应对现今高速发展的互联网需求。于是开始了新一代互联网的研究，在众多方案中，升级 IP 到 IPv6 方案发展最快，其优势和特点如下。

（1）巨大的地址空间：IPv6 采用了 128 位的地址，地址空间远远大于 IPv4 。32 位的 IPv4 地址理论上可以有 $2^{32}$ 个地址，而 IPv6 地址理论上有 $2^{128}$ 个。形象点说，理论上地球上大约每 3 个人可以分到 2 个 IPv4 地址，而 IPv6 地址空间理论上足够地球上每粒沙子都分配到 1 个地址。

（2）采用了新的地址配置技术（即无状态地址自动配置）：在主机与路由器的配合下无需手工配置就可自动获得 IPv6 地址，不仅方便了网络接入，也为各种智能终端的自动接入提供了可能。无状态地址分配方式下即使没有路由器参与，同一链路上的主机仍可以通过自动配置本地链路地址，实现本地链路上的通信。与有状态的地址自动分配 DHCP 相比，IPv6 的无状态地址自动分配是在网络层实现的，在协议栈启动时就会实现，更加高效稳定。DHCP 则是在应用层实现，需要专门的 DHCP 服务器，采用 C/S 模式网络开销较大。

（3）采用了全新的报头结构：删除了 IPv4 报头中一些基本不用的字段，将一些不常用的字段放到扩展头中，修改了一些字段的定义，使之更确切。把报头长度固定为 40 字节，不再使用可变长度报头。这样都简化了报文结构，提高了路由器对数据报处理的效率。引入了扩展报头，能够灵活地实现功能扩展，增强了 IPv6 升级的潜力。报头中定义了流标签字段，可以更细致地区分 IP 数据流，提供更好的 QoS 支持。

（4）IPv6 通过扩展头内置了对安全性和移动性的支持：IPv6 取消了广播方式，而更多地使用组播，避免了广播带来的种种问题。IPv6 使用邻居发现（Neighbor Discovery）机制来管理相邻节点的交互，在无状态地址配置等方面中起到了关键作用，邻居发现机制取代了 IPv4 的 ARP。

IPv6 地址不再使用 IPv4 的点分十进制表示方式，而是采用冒分十六进制的方式，更方便与二进制的转换。首先将 128 位二进制地址按每 16 位（即 2 个字节）为一段划分开，各段之间用冒号 "："

分割，再将二进制转换成十六进制。

如表 5-5 所示，第一行到第三行就是 IPv6 地址从实际值到表示方式的转换过程。可以将 IPv6 地址中无数值意义的 0 省略，比如 0da8 其值就是 da8，前面的 0 可省略。整段连续的 0 可压缩成双冒号 "::" 来表示，比如表中地址的 1 与 170 中间连续的 3 段都是 0，就可以压缩成 "::"。在还原实际值时，把 "::" 用 0 来填充，位数为 128 减去其他段的总位数。表中第五行就是这个 IPv6 地址的压缩 0 后的表示形式，简化了很多。

表 5-5　IPv6 地址表示方式

| 表 示 形 式 | IPv6 地址 |
| --- | --- |
| 二进制形式 | 00100000000000010000110110101000101010000000000000000000000000001<br>0000000000000000000000000000000000000000000000000000000101110000 |
| 二进制形式分段 | 0010000000000001:0000110110101000:1010100000000000:0000000000000000:0000000000000001:0000000000000000:0000000000000000:0000000101110000 |
| 冒分十六进制形式 | 2001:0da8:a800:0001:0000:0000:0000:0170 |
| 压缩段内无意义的 0 | 2001:da8:a800:1:0:0:0:170 |
| 压缩整段 0 | 2001:da8:a800:1::170 |

需要注意段内有数值意义的 "0" 不能压缩的，否则值就变了；一个 IPv6 地址内压缩的 "::" 只能有一个，不能出现两个，一旦出现两个 "::" 将无法还原确定的地址。

还有一种内嵌 IPv4 地址的表示方式，就是将 32 位的 IPv4 地址原样不动地嵌入到一个 IPv6 地址中，作为 IPv6 地址的一部分。例如：2001:da8:a900::172.16.3.189、::192.168.13.65、::ffff:222.26.186.71 等地址都是合法的。

IPv6 地址采用前缀的方式来表示地址的网络部分，类似于 IPv4 的网络 ID。通常地址的前缀长度固定为 64，所以单独一个地址的前缀一般可以不明确标出；当表示一个地址范围时前缀会小于 64，这时需明确标出。去除网络部分，后面就是网络接口 ID，定义与 IPv4 主机 ID 基本一样。IPv6 前缀表示方式与 IPv4 的 CIDR 相同，例如：

2001:da8:a800::/48 表示一个路由前缀，前缀长度 48；

2001:da8:a800:1::/64 表示一个子网前缀，前缀长度 64。

IPv6 的通信方式有单播、组播和任播（Anycast），取消了 IPv4 的广播，增加了任播方式。在 IPv6 中不再使用广播方式，在需要一对多通信时使用组播方式替代广播方式。

IPv6 的单播地址又分为链路本地单播地址、站点本地单播地址和可聚合全球单播地址。

• 链路本地单播地址：该地址只用于同一链路上邻居节点间通信，路由器不转发本地链路地址，与 IPv4 的链路本地地址 169.254.0.0/16 类似。支持 IPv6 的网络接口在启动时会自动配置一个链路本地地址，邻居发现等几个机制都用到了该地址，在没有路由器或路由器不能正常工作时本地链路上也使用该地址进行通信。链路本地地址有固定的前缀 FE80::/64。

• 站点本地单播地址：该地址可以用于内部网络中，类似于 IPv4 中的 10.0.0.0/8 等私有地址（内网地址），不可在外网路由。站点本地地址的特定前缀为 FEC0::/48，还有 16 位作为子网 ID 用。

• 可聚合全球单播地址：该地址与 IPv4 的外网地址相对应，是可供分配给全球范围内的每一个网络接口并被路由的，可使用该类地址接入到全球的 IPv6 网中。目前可聚合全球单播地址的最高 3 位为 001，就是只能以 2 或者 3 开头。

IPv6 组播地址与 IPv4 的定义基本一样，其最高 8 位为 FF，而且 IPv6 中也定义了很多特殊意义的组播地址。

任播又称为泛播，是一对多中之一的通信方式。任播地址标识了一组网络接口，向任播地址发送数据时，会从这组网络接口中选取与发送地址距离最近的一个网络接口接收数据，这里的"距离最近"指的是按路由距离计算的最近。任播在移动网络中有一定的应用，所有接入网络的路由器组成一个组，由一个任播地址标识，客户端无论如何改变物理位置，只需向该任播地址发送数据就会找到距离最近的路由器，从而更好地支持移动。任播地址没有单独划分，而是从单播地址空间中分配，在使用时必须明确指明地址是一个任播地址。

IPv6 的地址与 IPv4 有了很大差异，相关的辅助协议、路由协议也有很大不同，如 ICMPv6 取代了 ICMP，邻居发现 ND 取代了 ARP，OSPF 要使用 OSPFv3，BGP 要使用 BGP-4 等。这种不兼容还导致了应用层软件必须增加对 IPv6 的支持，才能在 IPv6 网络中使用。由于 IPv4 网络已经非常庞大，这就必须解决 IPv4 网与 IPv6 网长期共存，互联互通的问题，这就使用到 IPv6 过渡技术。过渡技术主要有双栈、GRE 隧道、6to4 隧道、ISATAP 隧道、SIIT、NAT-PT、SOCKs64 及近年国内出现的 IVI 技术等。

当前只要本地网络开通了 IPv6，个人用户配置和使用 IPv6 还是比较方便的。自 Windows XP 之后的所有 Windows 操作系统都可以很好地支持 IPv6，在 Windows vista 及更高版本中，IPv6 协议已经是默认安装。如果路由器开通了无状态地址自动配置，只要 Windows 系统启动完成后就会获得 IPv6 的地址。也可以手工配置 IPv6 地址，可以在 netsh 下，通过命令行来配置，或者在网络连接的属性中打开"Internet 协议版本 6"来配置。

IPv6 网络应用的使用与 IPv4 大致相同，只是需要相关的软件支持 IPv6 协议，在需要输入地址时通常要把 IPv6 地址用中括号"[]"括起来。例如，在浏览器中输入一个带 IPv6 地址的 URL，http://[2001:da8:a800::138]。

### 5.9.4　IPv6 发展现状

目前 IPv6 技术和标准已经相对成熟，多个国家组建了多个规模不等的 IPv6 试验网，网络设备基本成熟，业务应用取得了一些进展。但从全球 IPv6 整体发展状况看，在亚太和欧洲地区的应用较多，但依然是由发达国家担当了领军者的角色，不同的是美国在互联网领域一家独大的局面被打破。日本、韩国和欧盟在 IPv6 的研发和产业化方面走在了前面，作为发展中大国的中国在 IPv6 领域也略有建树，但在国家战略、产业化、研发等方面与日韩和欧盟还存在不小的差距。而同为发展中大国的印度也非常重视 IPv6 的进展。

自韩国从 2013 年成为全球率先普及 IPv6 的国家以来，目前 IPv6 在全世界已进入了实际部署阶段，截至 2015 年 1 月，从 IPv6 渗透率来看，部分国家已超过 15%，例如比利时为 32%，德国 14%，卢森堡 12%，瑞士 10%，而中国仍不到 1%。从用户数量来看，全世界的 IPv6 用户数达到了 2 亿，美国仍是全世界 IPv6 用户最多的国家，达到了 3000 万，紧随其后的是德国、日本和中国，中国目前的 IPv6 用户数是 690 万左右，大多数集中在教育网。

### 5.9.5　部署 IPv6 面临的困难

从第一个 IPv6 标准问世至今，从整体来看，全球 IPv6 网络的部署和使用进展十分缓慢。IPv6 协议的核心目标就是在坚持互联网基本设计理念（端到端透明性）不做改变的基础上，通过地址字段的加长来解决 IPv4 地址短缺问题,因为地址短缺是设计 IPv6 时的 20 世纪 90 年代初互联网所面临的最核心问题。然而随着互联网的不断发展变化,决定互联网发展的主要力量已经由当年设计 IPv6 的教育科研界,变成了目前的产业界。安全与信任、服务质量保证、如何容纳以无线网络、嵌入式系统、传感器网络应用等逐步上升为互联网所面临的核心问题,而地址短缺却因为各种 IPv4 节约地址技术的出现和广泛应用,退居次要位置。

IPv6 技术的核心是互联网地址数量的扩充,它并没有改变互联网原有的设计理念和网络体系架构。然而,互联网设计之初所坚持的核心设计原则和网络体系架构,在今天已经不适应互联网的应用实际,互联网目前所面临的很多难题,包括安全、服务质量,其产生根源都与之相关。

IPv6 所能够解决的核心问题与互联网目前所面临的关键问题之间出现了明显的偏差,难以给互联网的发展带来革命性的影响。与 IPv4 的各种地址复用解决方案相比,IPv6 能够降低复杂性和成本,但却是只有制造商目前才能够感受到,用户和运营商不能直接感受到,结果导致整个产业链缺乏推动 IPv6 的动力。IPv6 所带来的是一种长期的利益,而企业决策层更看重中短期利益,因此处于互联网基础设施核心的全球运营商对 IPv6 的态度都不是很积极,这种态度直接决定了 IPv6 的发展进程缓慢。而全球金融危机的爆发,很可能会进一步强化运营商的这一消极态度。

IPv6 不是下一代互联网的全部,只是一种改良性的技术,目前的地位也已经从"下一代"的互联网协议退化为"下一个版本"的互联网协议。IPv6 所坚持的无条件的"端到端的透明性"的核心设计理念已经过时。下一代互联网需要在新的设计理念的指导下重新设计。因此,目前国内外都已经出现了一些针对未来网络体系架构的研究,试图去克服目前互联网所面临的安全等问题,但都还只停留在研究或实验室阶段,近年内无法大规模商用。而 IPv6 目前的技术和标准已经成熟,产品种类也在不断扩大,实验网也已经具备了相当的规模。时间不等人,IPv4 地址空间还在快速减少,留给业界的研究、标准、开发和实验的时间非常有限。互联网需要继续前进,除了 IPv6,业界没有别的更好的选择。如果不接受 IPv6,"地址短缺"问题会再次成为互联网所面临的一个核心问题。但如果不继续对目前的 IPv6 做大幅度的改造,IPv6 是无法胜任未来国家关键信息基础设施的角色的。

# 5.10　接入 Internet

## 5.10.1　Internet 接入技术

要使用 Internet 上的资源,必须接入 Internet。Internet 接入大致分为两种类型。

- 住宅接入:将家庭计算机与 Internet 相连。
- 企业接入:将政府机构、企业或校园网络与 Internet 相连。

采用过的接入技术主要有:基于传统电信网络的接入、基于有线电视 HFC 网络的接入、基于电力网络的接入、光纤接入、无线接入和以太网接入。这些接入技术既有宽带也有窄带。无论采用哪种接入方式,用户都需要借助于 ISP 接入 Internet。所谓 ISP,就是 Internet 服务提供商,是为用户提供 Internet 接入和 Internet 信息服务的公司和机构。依照服务的侧重点不同,ISP 可分为 IAP(Internet Access Provider)——Internet 接入提供商和 ICP(Internet Content Provider)——Internet 内容提供商。ISP 是网络最终用户进入 Internet 的入口和桥梁,选择 ISP 要考虑的主要因素有:所提供的接入方式、连接速率、收费标准、ISP 的出口带宽以及 ISP 的服务质量等。

### 5.10.2　基于传统电信网络的接入

通过电信网络接入的方式主要有：电话拨号接入、ADSL 接入和 DDN 专线接入等。

#### 1. 电话拨号接入

电话拨号接入是住宅接入 Internet 最早使用的方式之一，它的接入非常简单、方便，成本低，但上网速度比较慢，最高传输速率一般只能到达 56.6 kbit/s。电话拨号接入是利用电话线和公用电话网（PSTN）建立与某一 ISP 主机的连接，通过该主机连接到 Internet，如图 5-17 所示。

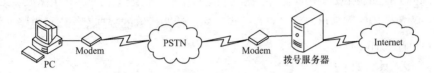

图 5-17　电话拨号上网连接方式

使用电话拨号上网需要配备调制解调器。调制解调器的作用是将计算机发送的数字信号转换成模拟信号在模拟电话线上传输，到达接收方后再由接收方的调制解调器将模拟信号转换成数字信号。

采用电话拨号上网，首先要向 ISP 申请一个上网的账号。账号包括一个用户名和密码。每次拨通 ISP 的服务器后，使用这个用户名和密码进行登录认证，服务器才会允许用户接入 Internet。

一些 ISP 为用户提供了一种开放的拨号上网方式，用户使用一个公用的用户名和密码，不需办理任何手续就可拨号上网，上网的费用在联网所用电话的电话费中结算。例如，中国联通的 96163 网，联网电话号码是 96163，用户名和密码都是 96163。

#### 2. ADSL 接入

DSL（Digital Subscriber Line）即数字用户线路，是以铜电话线为传输介质的点对点传输技术，它包括 HDSL、SDSL、VDSL、ADSL 和 RDSL 等，一般统称为 xDSL。它们的主要区别是信号传输的速度和距离的不同以及上行速率和下行速率对称性的不同。

ADSL（Asymmetrical Digital Subscriber Line）即非对称数字用户线路，是一种通过普通电话线提供宽带数据业务的技术。所谓非对称是指它提供的上行（从用户到网络）速率和下行（从网络到用户）速率是不相同的。

大多数 Internet 应用程序对上行和下行带宽的需求并不相等。一般来说，用户访问、接收的信息比他们上传的数据多得多。ADSL 就充分利用了这种不平衡带宽趋势，通过非对称方式优化带宽。

ADSL 技术的主要特点是如下几方面。

- 利用现有的公用电话网，在线路两端加装 ADSL 设备即可提供宽带接入服务。
- 传输速率较高，且下行速率远高于上行速率。
- ADSL 采用的是话音和数据频带分开的方法，可同时上网和打电话，互不干扰。

使用 ADSL 接入方式，用户端需要有一台 ADSL Modem，同时用户的计算机中还要安装网卡。ADSL Modem 的一端连接计算机中的网卡，另一端连接电话线。ADSL 接入方式即可用于住宅接入，也可用于小型局域网接入。ADSL 连接方式如图 5-18 所示。

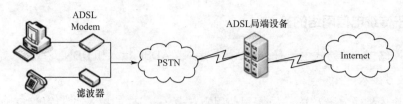

图 5-18  ADSL 的连接方式

3. DDN 专线接入

DDN（Digital Data Network）即数字数据网，是利用数字信道（光纤、数字微波、卫星信道等）传输数字信号的数据传输网，可提供点对点、点对多点透明传输的数据专线出租电路，为用户传输数据、图像和声音等信息。

DDN 专线接入具有如下特点。

- 提供高性能的点到点通信，通信保密性强。
- 传输质量高，网络延时小，误码率低。
- 具有固定信道，确保了通信的可靠性，保证用户使用的带宽不会受其他客户使用的影响。

通过 DDN 专线接入 Internet 的连接方式如图 5-19 所示。

采用 DDN 专线上网，首先需要租用 DDN 专线。目前电信部门提供的 DDN 专线的通信速率为 N×64kbit/s（N=1~32），其租用费用随着租用速率的增大而增加。由于 DDN 接入费用偏高，所以它不适用于家庭接入，是一种面向企业的接入方式。

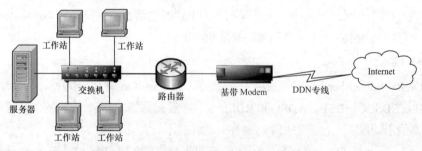

图 5-19  通过 DDN 专线接入 Internet 的示意图

中国公用数字数据骨干网（CHINADDN）于 1994 年正式开通，现已通达全国地市以上城市及部分经济发达县城。它是由中国电信经营的、向社会各界提供服务的公共信息平台。CHINADDN 网络结构可分为国家级 DDN、省级 DDN 和地市级 DDN。

随着多媒体通信技术的发展，视频点播（IP/TV）、电子商务（E-Business）、IP-Phone 和电子购物等应用日益普及。这些应用对网络的带宽、时延和传输质量等提出更高的要求。DDN 独享资源，信道专用将会造成一部分网络资源的浪费，并且对于这些技术的应用又会带来带宽显得太窄等问题。因此，从建立现代化网的需要来看，现有 DDN 的功能也逐步增强，如为用户提供按需分配带宽的能力；使用统计时分复用技术以适应多种业务通信与提高信道利用率；提高网管系统的开放性及用户与网络的交互作用能力；提高中继速率和用户接入层速率，以适应一些新技术在 DDN 网络中的高带宽应用需求。

### 5.10.3　基于有线电视 HFC 网络的接入

HFC 是建立在有线电视同轴网 CATV 基础上的双向交互式宽带网。

**1. CATV 和 HFC**

CATV（Cable Television）即有线电视网，是由广电部门负责用来传输电视信号的网络，其覆盖面广，用户多。但传统的有线电视网是单向的，只有下行信道。在"三网融合"的大背景下，广电运营商都对有线电视网双向化改造，以便适应 Internet 业务要求。

HFC（Hybrid Fiber Coax）即光纤同轴电缆混合网，它是在 CATV 的基础上发展起来的，除可以提供原 CATV 网提供的业务外，还能提供数据和其他交互型业务。HFC 是对 CATV 的一种改造，在主干线部分用光纤代替同轴电缆作为传输介质。CATV 和 HFC 的一个根本区别是：CATV 只传送单向电视信号，而 HFC 提供双向的宽带传输。

HFC 接入的特点如下。

- HFC 采用非对称的数据传输速率，上行速率低于下行速率。
- HFC 传输方式为共享式。所有 Cable Modem 的发送和接收使用同一个上行和下行信道，网上用户越多，每个用户实际可以使用的带宽越窄。
- 传输损耗小，具有良好的信号传输质量。

**2. 利用 Cable Modem 接入 Internet**

Cable Modem（线缆调制解调器）是用户计算机接入到 HFC 网络的关键设备。Cable Modem 安装在客户端，它有两个接口，一个用来接室内墙上的有线电视端口，另一个与计算机或交换机相连。图 5-20 是利用 Cable Modem 接入 Internet 的示意图。

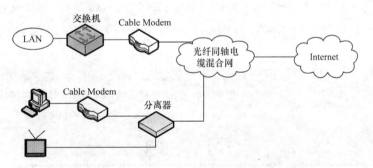

**图 5-20　利用 Cable Modem 接入 Internet 的示意图**

Cable Modem 的原理和普通的 Modem 拨号上网一样，都是通过各自的调制解调器在对送来或发出的数据信号进行解调解码或编码调制之后来进行传输的，不同之处在于它是通过有线电视 CATV 的某个传输频带进行调制解调的。Cable Modem 属于共享介质系统，其他空闲频段仍然可用于有线电视信号的传输。

### 5.10.4　光纤接入

光纤接入技术实际就是在接入网中全部或部分采用光纤传输介质，构成光纤用户环路（或称光纤接入网 OAN），实现用户高性能宽带接入的一种方案。光纤接入技术利用光网络单元（ONU）提供用户的接口。根据光网络单元所设置的位置，光纤接入网分为光纤到户（FTTH）、光纤到路边（FTTC）、光纤到大楼（FTTB）、光纤到办公室（FTTO）、光纤到楼层（FTTF）和光纤到小区（FTTZ）等几种类型，统称为FTTx。

根据接入网室外传输设施中是否含有源设备，光纤接入网分为无源光网络（Passive Optical Network，PON）和有源光网络（Active Optical Network，AON）。有源光网络是指从局端设备到用户分配单元之间采用有源光纤传输设备，即光电传输设备、有源光器件以及光纤等；无源光网络一般指光传输段采用无源光器件，实现点对多点拓扑的光纤接入网。目前光纤接入网几乎都采用PON结构。

光纤接入的特点是网络带宽较高、网络的可升级性能好、接入简单等。由于光纤接入的价格比较高，所以一般用于公司的局域网和企业网的接入。

## 5.10.5　无线接入

无线接入是指通过无线介质将用户终端与网络节点连接起来，以实现用户与网络间的信息传递。无线接入主要是针对移动用户而设计的，其接入方式主要有两种：一种是通过无线局域网接入，另一种是通过与移动无线接入网连接实现接入。

### 1. 通过无线局域网接入

在无线局域网中，无线终端固定或在小范围内做有限移动，它们与位于几十米内的无线接入点（基站）通信，这些接入点通常与有线的Internet相连接，为无线用户提供到有线网络的服务。要连接无线局域网的计算机，必须安装无线网卡。一般笔记本电脑都内置了无线网卡。

### 2. 通过移动无线接入网接入

在移动无线接入网中，用户终端是移动的，它们与移动无线接入网中的无线接入点进行连接。无线接入点由电信提供商（中国移动、中国联通、中国电信等）管理，它们为数万米半径内的用户提供服务。

无线接入网作为有线接入网的有效补充，有系统容量大、覆盖范围广、系统规划简单、扩容方便和可加密等特点，可解决边远地区、难于架线地区的信息传输问题，是当前发展最快的接入网之一。

# 习　题

## 一、填空题

1. 常见的网络应用模式有_____、_____和_____。

2. Internet域名从左到右分别表示最低级域名到最高级域名，其中最低级域名代表_____。

3. 域名解析是将_____转换成_____的过程。

4. 在浏览一个Web页面时，用鼠标点击一个特定的图标或文字时，就可以跳转到另外一个地方去浏览所需的信息，这种特定的图标和文字称为_____。

5. 人们用来编辑网页的基本语言是_____。

6. 动态网页技术主要包括ASP、_____、_____和_____。

7. 电子邮件系统的三个主要组成构件是_____、_____和_____。

8. FTP 的功能是_____。

9. DHCP 主要解决_____和_____两方面的问题。

10. 从形态上看，设备经历了 5 次较大变化：大型计算机、小型计算机、_____、_____、
_____。

11. _____、_____和 Windows Phone 被称为三大手机操作系统。

12. iPhone 手机面世，_____和_____引发移动智能终端大发展。

13. 下一代互联网的优势分别是：_____，_____，_____。

14. IPv6 取消了_____方式，而更多地使用_____。

15. 目前 Internet 使用的 IP 协议是 IPv4，下一代互联网使用的 IP 协议是_____，该协议中，
IP 地址的位数由 32 位增加到_____位。

二、判断题

1. 在 Internet 中，两台主机的类型必须相同才能相互通信。　　　　　　　　　（　　）

2. 一个 IP 地址可以对应多个域名。　　　　　　　　　　　　　　　　　　　（　　）

3. ASP.NET 技术是 ASP 的简单升级。　　　　　　　　　　　　　　　　　　（　　）

4. IIS 和 Apache HTTP Server 均不带有 JSP 和 Servlet 引擎，因此不支持 JSP。　（　　）

5. 邮件接收服务器和邮件发送服务器可以是同一台计算机。　　　　　　　　　（　　）

6. 当朋友发来邮件时，你的计算机必须处于开机状态，否则邮件就会丢失。　　（　　）

7. 每个匿名登录 FTP 服务器的用户必须要有自己的登录账号。　　　　　　　（　　）

8. 用户要进行远程登录，必须在自己的计算机上运行一个远程登录客户程序。　（　　）

9. 所有免费邮箱都向用户提供 POP3 功能。　　　　　　　　　　　　　　　　（　　）

10. 通过 ADSL 上网的计算机中必须安装网卡。　　　　　　　　　　　　　　　（　　）

11. 用户为自己服务器上的网站申请了域名之后，不需要做任何配置就能够用域名访问该网站。
　　　　　　　　　　　　　　　　　　　　　　　　　　　　　　　　　　（　　）

12. 3G 是第三代移动通信及其技术的简称。　　　　　　　　　　　　　　　　（　　）

13. 智能终端层包括智能手机、平板电脑、电子书等。　　　　　　　　　　　　（　　）

14. 应用软件层包括休闲娱乐类、工具媒体类、商务财经类等不同应用与服务。　（　　）

15. 应用软件层包括操作系统、中间件、数据库和安全软件等。　　　　　　　　（　　）

16. 因为永远保持一个 IP 随时能够唤醒的状态，4G 可以保持永远在线，随时可以发起业务，不
用再登记注册。　　　　　　　　　　　　　　　　　　　　　　　　　　　（　　）

17. 下一代互联网采用 IPv6 协议，其 IP 地址的长度由原来的 32 位扩展到 128 位。（　　）

18. 中国目前的 IPv6 用户大多数集中在教育网。　　　　　　　　　　　　　　（　　）

19. IPv6 不是下一代互联网的全部，只是一种改良性的技术，目前的地位也已经从"下一代"
的互联网协议退化为"下一个版本"的互联网协议。　　　　　　　　　　　（　　）

20. 在 Windows XP 之后的 Windows 操作系统都可以很好地支持 IPv6。　　　　（　　）

21. IPv6 取消了广播方式，而更多地使用组播。　　　　　　　　　　　　　　（　　）

22. CNGI 是中国在 2003 年启动的下一代互联网示范工程。　　　　　　　　　（　　）

23. 下一代互联网解决了网络地址不足的问题。　　　　　　　　　　　　　　　（　　）

24. 在下一代互联网中，IPv4 和 IPv6 协议共存。　　　　　　　　　　　　　　（　　）

三、单项选择题

1. Internet 采用域名地址是因为（　　　）。

    A. 一台主机必须用域名地址标识        B. IP 地址不能唯一标识一台主机

    C. IP 地址不便于记忆                 D. 一台主机必须用 IP 地址和域名共同标识

2. 在 Internet 中主机的 IP 地址与域名的关系是（　　　）。

    A. 域名是 IP 地址中部分信息的表示      B. IP 地址和域名是等价的

    C. IP 地址和域名分别表达不同含义      D. IP 地址是域名中部分信息的表示

3. 中国的顶级域名是（　　　）。

    A. china            B. ca              C. ch             D. cn

4. 万维网引进了超文本的概念，超文本指的是（　　　）。

    A. 包含多种文本的文本          B. 包括图像的文本

    C. 包含多种颜色的文本          D. 包含链接的文本

5. WWW 服务使用的协议是（　　　）。

    A. SMTP           B. FTP          C. Telnet        D. HTTP

6. 输入一个网址时，浏览器会自动在前面加上 http://，http 的含义是（　　　）。

    A. 文件传输协议          B. 超文本传输协议

    C. 顶级域名网址          D. 统一资源定位器

7. Internet 浏览器本质上是一个（　　　）。

    A. 浏览 Web 网页的客户端程序      B. 连接 Internet 的 TCP/IP 程序

    C. 浏览 Web 网页的服务器程序      D. 连接 Internet 的 SNMP 程序

8. Internet 中 URL 的含义是（　　　）。

    A. 简单邮件传输协议          B. 统一资源定位器

    C. Internet 协议            D. 传输控制协议

9. 在以下 Web 服务器软件中，支持 JSP 技术的是（　　　）。

    A. Apache HTTP Server          B. PWS

    C. Tomcat             D. IIS

10. 接收邮件服务器又叫作（　　　）。

    A. FTP 服务器     B. POP3 服务器    C. SMTP 服务器     D. Web 服务器

11. 用户的电子邮件信箱是（　　　）。

    A. 通过邮局申请的个人信箱      B. 邮件服务器内存中的一块区域

    C. 用户计算机硬盘上的一块区域    D. 邮件服务器硬盘上的一块区域

12. 下列服务器中，（　　　）用于发送电子邮件。

    A. SMTP 服务器    B. WWW 服务器    C. POP3 服务器     D. IMAP 服务器

13. 匿名 FTP 是（　　　）。

    A. 在 Internet 上没有主机地址的 FTP    B. Internet 中一种匿名信的名称

    C. 允许用户免费登录并下载文件的 FTP    D. 用户之间能够进行传输的 FTP

14. FTP 的主要功能是（　　　）。

    A. 传送网上所有类型的文件        B. 收发电子邮件

  C．远程登录          D．浏览网页

15．Telnet 是（   ）协议。

  A．文件传输    B．传输控制    C．简单邮件    D．远程登录

16．在 Internet 的接入方式中，FTTB 代表的是（    ）。

  A．电话拨号接入   B．光纤到户接入   C．光纤到大楼接入   D．有线电视接入

17．用户计算机可以通过（   ）服务器自动获得 IP 地址。

  A．FTP      B．DNS      C．DHCP     D．路由器

18．向网络用户提供 Internet 接入服务的网络运营商简称为（    ）。

  A．NOC      B．ICP      C．IAP      D．ISP

19．用户计算机利用有线电视接入 Internet 的关键设备是（    ）。

  A．Hub      B．Cable Modem   C．路由器    D．ADSL Modem

20．IPv6 与 IPv4 相比较，以下（   ）说法是错误的。

  A．IP 地址空间扩大

  B．支持无状体自动地址分配，用户无需手工配置

  C．更好地支持移动性和安全性

  D．采用点分十进制表示 IP 地址

21．以下（   ）不是 IPv6 的通信方式

  A．单播      B．组播      C．广播      D．任播

## 四、简答题

1．简述电子邮件系统的基本组成部分。

2．为什么要使用地址解析服务？

3．简述 DHCP 的工作过程。

4．什么是动态网页？它和静态网页的区别是什么？

5．常用的动态网页设计技术有哪些？它们各有什么特点？

6．什么是移动互联网？其特点有哪些（至少列出 5 种）？

7．移动互联网包含智能终端、系统软件和应用软件三个层面，它们分别包括哪些内容？

8．什么是云计算？

9．简述"移动与桌面互补"的含义。

10．简述"移动互联网是开放的"的含义。

11．3G 与 2G 的主要区别是什么？

12．简述下一代互联网的优势。

13．简述 IPv6 网络的特点。

# 06 第6章 网络信息安全基础

网络的开放性在实现了信息交流与共享、极大便利和丰富了社会生活的同时，也对国家安全、社会公共利益以及公民个人合法权益造成现实危害和潜在威胁。近年来，我国信息系统安全事件发生比例也呈上升趋势。信息安全已成为信息时代人类共同面临的挑战。在国际刑法界列举的现代社会新型犯罪排行榜上，计算机犯罪已名列榜首。据估计，全球每年由于 Internet 攻击造成的经济损失达数百亿美元，信息缺乏有效的安全保护。因此，树立信息系统安全意识，了解信息安全面临的威胁，掌握信息安全的基本知识，加强对信息安全技术与应用的研究，无论是对个人还是组织、机构，甚至国家、政府都有非同寻常的重要意义。

## 6.1 信息安全的概念

信息安全是一门涉及计算机科学、网络技术、通信技术、密码技术、信息安全技术、应用数学、数论和信息论等多种学科的综合性科学。信息安全关注的是信息本身的安全，防止未授权者对信息的篡改、破坏和泄漏等。从面向网络应用的分层思想来看，信息安全应包含以下四个层次。

- 内容安全：保证信息在传输过程中不被非法修改和阻断，保证信息内容的真实性。
- 数据安全：保证数据在一个可信的环境中存储、传输，不会被非法修改，数据源头和目标不被否认。
- 运行安全：保证系统正常运行，不会被非授权人恶意利用。
- 实体安全：保证不以电磁辐射、搭线窃听等方式失密，提供最基本的服务。

信息安全的基本属性主要表现在机密性、完整性、可用性、可控性和不可否认性等五个方面。

- 机密性（Confidentiality）：是指保护数据不受非法截获或未经授权浏览。这一点对于敏感数据的传输尤为重要，同时也是通信网络中处理用户的私人信息所必需的。
- 完整性（Integrity）：是指能够保障被传输、接收或存储的数据是完整的和未被篡改的。这一点对于保证重要数据的精确性尤为关键。
- 可用性（Availability）：是指尽管存在可能的突发事件如供电中断、自然灾害、事故或攻击等，但用户依然可得到或使用数据，服务也处于正常运转状态。

- 可控性（Access Control）：即对信息、信息处理过程及信息系统本身都可以实施合法的安全监控和检测。这一点可以确保管理机构对信息的传播及内容具有控制能力。
- 不可否认性（Non-repudiation）：是指能够保证信息行为人不能否认其信息行为。这一点可以防止参与某次通信交换的一方事后否认本次交换曾经发生。

# 6.2　信息安全面临的威胁

所谓安全威胁是指某个人、物、事件或概念对某一资源的可用性、机密性、完整性、真实性或可控性所造成的伤害，攻击就是某种威胁的具体体现。导致信息系统安全问题的主要因素是信息系统自身的脆弱性和信息系统面临的威胁，以及网络安全系统在预测、反应、防范和恢复能力方面存在许多薄弱环节。信息作为一种重要的战略资源，值得关注的信息安全问题主要有：网络及信息系统出现大面积瘫痪、网络内容与舆论失控、网络信息引发社会危机、有组织的网络犯罪、计算机病毒以及蠕虫木马等泛滥成灾等。

## 6.2.1　信息系统自身的脆弱性

信息系统自身的脆弱性主要指网络系统和设备、计算机软硬件在设计时由于考虑不周等留下的缺陷，容易被威胁主体所利用从而危害系统的正常运行。主要包括如下 5 方面。

- 计算机硬件系统的脆弱性：电源掉电、电磁干扰以及硬件设计缺陷等，在其他方面如磁盘高密度存储受到损坏造成大量信息的丢失，存储介质中的残留信息泄密等。
- 计算机软件系统的脆弱性：包括信息系统自身在操作系统、数据库管理系统以及通信协议等存在安全漏洞和隐蔽信道等不安全因素。
- 计算机网络的脆弱性：TCP/IP 协议簇本身开放性带来的脆弱性。
- 信息传输中的脆弱性：在信息输入、处理、传输、存储和输出过程中存在信息容易被篡改、伪造、破坏、窃取和泄漏等不安全因素，包括信息泄漏、电子干扰等。
- 网络物理环境的脆弱性：这种类型的脆弱性是属于计算机设备防止自然灾害的领域，比如火灾和洪水；也包括一般的物理环境的保护，如机房的安全门、人员出入机房规定。

另外，网络安全的脆弱性和网络的规模有密切关系。网络规模越大，其安全的脆弱性越大。

## 6.2.2　恶意代码

代码是指编写的计算机程序，包含指令和数据的集合，可以被执行完成特定的功能。恶意代码通常是指带有攻击意图，甚至起着破坏作用的计算机程序或一组指令（可以是二进制文件，或者脚本语言，或者宏语言），可能导致删除敏感信息、收集系统信息、获取截屏、监控键盘、窃取文件、诱骗访问恶意网站、占用系统资源和降低工作效率等。计算机病毒就是恶意代码中最常见的一种。其实，恶意代码也是一种软件，正常的软件是帮助人们解决问题的，而恶意代码是专门进行破坏的软件。恶意代码的另一种表现形式是间谍软件或流氓软件。近年来，恶意代码对信息安全的威胁已成为一个非常严重的社会问题。

需要宿主的恶意代码具有依附性，不需要宿主的代码具有独立性；能够自我复制的恶意代码是可感染的，不能够自我复制的恶意代码是不感染的。因此，恶意代码按照是否需要宿主和是否能够自我复制可分为四类。

（1）不感染的依附性恶意代码

不感染的依附性恶意代码如特洛伊木马、逻辑炸弹和后门等。

- 特洛伊木马（Trojan horse）：特洛伊木马是一个有用的、或表面上看起来有用的程序，但同时包含了一段隐藏的、激活时能进行某种不想要的或者有害的功能的代码。它的危害性是可以间接地完成一些非授权用户不能直接完成的功能（如盗取用户密码）；或者破坏数据和系统（如删除用户文件）。特洛伊木马的主要传播途径是电子邮件，传播的主要原因是特洛伊木马的欺骗性，让用户很难发现异常。

- 逻辑炸弹（logic bomb）：逻辑炸弹是一段具有破坏性的代码，嵌入到正常程序中，当设定的爆炸条件满足，就会触发其破坏行为。触发方式主要有计数器、时间、复制和输入等。它的危害性是造成程序中断、破坏磁盘数据、系统崩溃和键盘失效等。

- 后门（backdoor）：后门也称为天窗，是内部人员造成的安全漏洞，进入程序的秘密入口。如系统程序员插入一段登录代码，通过识别某种特定的账号，使访问者躲过安全检查，直接获取高于普通用户的访问权。

这三种恶意代码都不具有自我复制功能，且需要依附到某些应用程序中。

（2）不感染的独立性恶意代码

不感染的独立性恶意代码如点滴器、生成器和恶作剧等。

- 点滴器（dropper）：点滴器是为传送和安装恶意代码而设计的程序，为防止反病毒程序检测，通常使用加密手段，待满足特定事件条件后启动，将自身包含的恶意代码释放出来。例如WIN32.FunLove.4099病毒是驻留内存的Win32病毒，当染毒的文件被运行时，该病毒将在Windows system目录下创建FLCSS.EXE文件，在其中只写入纯代码部分，并运行这个生成的文件。这个文件就变成病毒"点滴器"。

- 生成器（generator）：生成器是为制造恶意代码而设计的程序。通过这个程序，只需在程序菜单中选择需要的功能，就可以制造恶意代码，而不需任何程序设计能力。这类由生成器产生的恶意代码容易检测，其典型例子是VCL（Virus Creation Laboratory）。

- 恶作剧（hoax）：恶作剧是为欺骗使用者而设计的程序。虽然只是愚弄或者欺骗，但有些使用者会相信恶作剧，做出不明智的操作，如重新安装操作系统，从而导致真正的破坏。

（3）可感染的依附性恶意代码

计算机病毒（virus）是一种人为制造的侵入计算机内部，可以自我繁殖、传播，在计算机运行中对计算机信息或系统起到破坏作用的代码。计算机病毒具有传染性、潜伏性和破坏性。计算机病毒的传播对计算机和网络安全构成巨大威胁。目前已发现的病毒有数千种之多，表现形态各异，除了自我复制之外，还可以演化、变种，一旦发作，就会导致降低系统工作效率，破坏系统数据，网络拥塞，甚至导致系统崩溃。大多数恶意代码具有计算机病毒的特征。

（4）可感染的独立性恶意代码

计算机蠕虫是自包含的程序，它能传播它自身功能的拷贝到其他的计算机系统中。通常，蠕虫传播无需人为干预，它可通过网络自我复制。也可以说，蠕虫是一种使用网络连接从一个系统传播到另一个系统的感染病毒程序，一旦这种程序在系统中被激活，网络蠕虫可以表现得像计算机病毒，或者可以植入特洛伊木马程序，或者进行任何次数的破坏或毁灭行动。蠕虫最大的危害是可大量复制，例如，蠕虫可向电子邮件地址簿中的所有联系人发送自己的副本，联系人的计算机也将执行同样的操作，结果造成多米诺效应，网络通信负担沉重，业务网络和整个 Internet 的速度都将减慢，消耗内存或网络带宽，并导致计算机停止响应。

蠕虫与计算机病毒具有同样的特征，即潜伏、繁殖、触发和执行期。不同之处是蠕虫不需要将其自身附着到宿主程序。也就是说，蠕虫的传播不必通过"主机"程序或文件，可潜入用户的系统并允许其他人远程操控计算机，即感染的是系统环境（操作系统或邮件系统等）。例如，MyDoom 蠕虫可打开受感染系统的"后门"，然后使用这些系统对网站发起攻击。

## 6.2.3　计算机病毒

（1）计算机病毒的概念

1994 年 2 月 18 日，我国正式颁布实施了《中华人民共和国计算机信息系统安全保护条例》，在第二十八条中的定义：计算机病毒是"指编制或者在计算机程序中插入破坏计算机功能或者破坏数据，影响计算机使用并且能够自我复制的一组计算机指令或者程序代码"。

简单说计算机病毒是一种人为编制的特殊的计算机程序。这些程序一旦进入计算机后就隐藏并潜伏起来，待条件合适时就会发作，通过修改其他程序使之成为含有病毒的版本或可能演化版本、变种或其他繁衍体，不断去传染其他未被感染的程序，或通过各种途径传染给其他计算机或网络中的计算机。同时，不断地自我复制，抢占大量时间和空间资源，使得计算机不能正常工作，甚至破坏系统中的程序和数据，造成重大损失。目前，已发现的病毒有数万种之多，表现形态各异，计算机病毒的传播是计算机和网络安全的巨大威胁之一。

计算机病毒的定义正逐步扩大，与计算机病毒的特征有相似之处的"恶意"黑客程序、特洛伊木马和蠕虫程序也被并入计算机病毒的范畴。

（2）计算机病毒的特征

计算机病毒的主要特征包括如下 7 类。

- 可执行性：计算机病毒是寄生在其他可执行程序上，因此它享有一切程序所能得到的权力，计算机病毒只有当它在计算机内得以运行时，才具有传染性和破坏性等活动。

- 传染性：计算机病毒会通过各种渠道从已被感染的计算机扩散到未被感染的计算机。

- 潜伏性：一个编制精巧的计算机病毒程序，进入系统之后一般不会马上发作，可以在几周或者几个月内甚至几年内隐藏在合法文件中，对其他系统进行传染，而不被人发现。

- 可触发性：计算机病毒是因某个事件或数值的出现，诱使病毒实施感染或进行攻击的。病毒具有预定的触发条件，这些条件可能是时间、日期、文件类型或某些特定数据等。

- 隐蔽性：病毒一般是具有很高编程技巧，短小精悍的程序。通常附在正常程序中或磁盘较隐蔽的地方，也有个别的以隐含文件形式出现。病毒一般只有几百或 1KB 字节。

- 衍生性：计算机病毒设计者的设计思想和设计目的可以被其他掌握原理的人以其个人的企图进行任意改动，从而又衍生出一种不同于原版本的新的计算机病毒（又称为变种）。变种病毒往往可能比原版病毒造成的后果严重得多。

- 寄生性：病毒程序嵌入到宿主程序中，依赖于宿主程序的执行而生存。宿主程序一旦执行，病毒程序就被激活，从而可以进行自我复制和繁衍。

随着 Internet 的快速普及，计算机网络病毒具有传染方式多、传播速度快和清除难度大等新特点，其危害性更大。

（3）计算机病毒的分类

对病毒的分类，可从不同角度进行划分。

按照攻击的操作系统划分，计算机病毒分为 DOS 病毒、Windows 病毒、Unix 病毒、Linux 病毒、OS/2 病毒和 Macintosh 病毒等。

按照传播媒介划分，计算机病毒分为单机病毒和网络病毒。

按照寄生方式和感染途径划分，计算机病毒分为引导型病毒、文件型病毒和混合型病毒。

按照计算机病毒常见种类划分，计算机病毒分为宏病毒变形病毒（如 Macro.Melissa）、脚本病毒（如 VBS.Happytime）、木马病毒（如 Trojan.LMir.PSW.60）、黑客病毒（如 Hack.Nether.Client）、后门病毒（如 Backdoor.IRCBot）和蠕虫病毒（如 Worm.Nimda）等。

随着病毒制造技术的不断提高，科学技术不断进步，新的病毒会陆续产生，旧的病毒会有新的变种等。病毒不仅仅会威胁计算机，还会危及手机、PDA 等便携设备。

（4）计算机病毒防治软件产品

计算机病毒的传播途径主要有不可移动的硬件设备（如 CMOS 芯片）、移动存储设备（如软盘、U 盘）、网络（如邮件附件、文件下载）和通信系统（如手机）等。当计算机感染病毒时，需要检测和消除。

目前，市场上查、杀病毒软件有许多种，可以根据需要选购合适的杀毒软件，也可以使用厂家提供的在线杀毒功能。常用的几种查杀毒软件有：金山毒霸，瑞星杀毒软件，诺顿防毒软件，卡巴斯基，360 安全卫士等。

对用户来说选择一个合适的防杀毒软件主要应该考虑以下四个因素。

- 能够查杀的病毒种类越多越好。
- 对病毒具有免疫功能，即能预防未知病毒。
- 具有实现在线检测和即时查杀病毒的能力。
- 能不断对杀毒软件进行升级服务，对病毒库进行更新。

（5）日常计算机病毒的防范措施

要从根本上完全杜绝和预防计算机病毒、蠕虫和木马等恶意程序的产生和发展是不可能的。但是日常工作中要从防、查、杀三方面来保护信息的安全。

- "防"最重要的就是采取各种安全措施，如引导区保护、安装防火墙和防病毒软件等，不给恶意程序以可乘之机。
- "查"就是要使用工具定期对计算机系统进行检测。
- "杀"就是使用各种专用工具对恶意程序进行清理。

具体防范措施包含如下几点。

（1）及时给系统打上补丁，修复系统漏洞。

（2）安装杀毒软件，及时对杀毒软件进行更新和升级，并经常对系统查杀病毒。

（3）收电子邮件时，不随意打开不相关的网站或信息，特别是不要轻易打开或执行附件中的文件。

（4）不要随意下载软件和乱点击链接，如需下载软件，请到正规官方网站下载。

（5）不要访问无名或不熟悉的网站，防止受到恶意代码攻击或恶意篡改注册表和 IE 主页。

（6）不要和陌生人或不熟悉的网友聊天，特别是 QQ 等病毒携带者。

（7）对外来 U 盘进行病毒查杀后，再进行文件复制。

（8）做好文件的备份工作，防止发生问题后数据的丢失。

（9）打开文件时尽量用鼠标右键打开，不直接进行双击打开。

实际上，所有的方法都无法保证计算机网络完全安全。树立安全意识、保证及时为系统安装"补丁"和对防病毒软件及时更新应该是提高计算机系统安全性的最有效方法。

## 6.2.4 移动互联网面临的安全威胁

移动互联网在用户量和经济规模上持续高速增长，已经成为拉动经济增长的重要引擎。据中国互联网络信息中心（CNNIC）发布统计报告显示，截至 2016 年 6 月，中国网民规模达 7.10 亿，互联网普及率达到 51.7%，其中，手机网民规模达 6.56 亿，网民中使用手机上网的人群占比 92.5%，仅通过手机上网的网民占比达到 24.5%，体现出网民上网设备进一步向移动端集中。同时，网上支付、互联网理财用户规模增长率分别为 9.3% 和 12.3%，各类互联网公共服务类应用均实现用户规模增长，在线教育、网上预约出租车、在线政务服务用户规模均突破 1 亿，多元化、移动化特征明显。

移动互联网的快速发展，以及抢占市场的客观需求，使得移动互联网企业过于追求速度，而忽视了质量，特别是安全性等隐性指标被忽视。移动互联网的巨大用户量和经济规模，也使得针对移动互联网的网络攻击频发且多样化。特别是移动互联网的安全性和隐私保护问题日益凸显，逐渐成为阻碍移动互联网进一步发展的屏障。

当前移动互联网在网络、应用、终端、管理、平台及资源等方面安全处境堪忧，大多数应用存在安全性风险漏洞，在客户端、服务端、数据交互层和业务流程等方面存在安全性缺陷。面临的威胁主要体现在以下几个方面。

（1）隐私泄露

移动通信的服务过程中会发生大量用户信息，如位置、通信信息、消费偏好、用户联系人、计费话单、用户上网轨迹和用户支付信息等。移动互联网的发展要求将部分移动网络的能力甚至用户信息开放出来，从而开发出新的移动应用。但如果缺乏有效的开放与管控机制，将导致大量的用户信息被滥用。极端情况下，甚至会出现不法分子利用用户信息进行违法犯罪活动。

（2）病毒和恶意代码

病毒和恶意软件具有"匿名推送、强制下载、不可关闭、恶意扣费"等特点，通过恶意订购、自动拨打声讯台、自动联网等，造成用户的话费损失；木马软件可以控制用户的移动终端，盗取账户、监听通话、发送本地信息；一些恶意软件还能通过反复写 SIM 卡、存储卡而破坏硬件，或大量消耗设备电能。

（3）诈骗和垃圾短信

相比于固定互联网的垃圾信息，移动号码的唯一性将导致垃圾信息的传播更准确、更便捷，也更具欺骗性。短信和彩信也是恶意代码传播的重要途径。

（4）设备被盗或丢失

移动终端在便于携带的同时，也容易被盗或丢失。由于大多数用户不会对自己移动终端的个人信息进行加密，一旦设备丢失或被盗，则用户的个人隐私就暴露无遗。

（5）面临着来自"伪基站"的威胁

"伪基站"会导致用户手机频繁更新位置，不仅影响用户的正常使用，而且使得所在区域的无线网络资源紧张并出现网络拥塞现象，对公共频谱资源干扰造成的损失难以计算。

（6）APP 的安全威胁

APP 应用审核机制的不健全和开发的开放性，都无法保证应用的自身安全性。如 Web 应用程序攻击、网络钓鱼、僵尸网络、拒绝服务、垃圾邮件等都在威胁着 APP 的安全。

要做好移动互联网的安全防护，事前预防、事中防护、事后检查，从网络、应用、终端、管理、平台及资源全方位保护移动网络财产信息安全，才能使得移动互联网健康快速持续发展，成为"互联网+"的主力军，引发互联网产业、信息技术产业乃至整体经济发展的加速创新与发展，助力我国经济向数字化、智能化、高端化、绿色化迈进。

## 6.2.5　信息系统面临的其他威胁

目前信息系统面临的其他方面的威胁主要包括来自电磁泄漏、雷击等环境安全构成的威胁、软硬件故障和工作人员误操作等人为或偶然事故构成的威胁、利用计算机实施盗窃、诈骗等违法犯罪活动的威胁和网络攻击以及信息战的威胁等，概括起来主要有以下 7 类。

- 内部泄密和破坏：包括内部泄密人员有意或无意泄密、更改记录信息；内部非授权人员有意偷窃机密信息、更改记录信息；内部人员破坏信息系统等。
- 截收：网络攻击者可能通过搭线或在电磁波辐射范围内安装截收装置等方式，截获机密信息，或通过对信息流量和流向、通信频度和长度等参数的分析，推出有用信息，如窃取 QQ 聊天记录、窃听移动电话通话等。
- 非法访问：未经授权使用信息资源或以未授权的方式使用信息资源，它包括非法用户（通常称为黑客）进入网络或系统进行违法操作、合法用户以未授权的方式进行操作，如窃取网银账号、非授权浏览他人文档、照片等。
- 破坏信息的完整性：网络攻击者通过篡改、删除、插入等操作破坏信息的完整性，如篡改网页信息、涂鸦留言、网站挂马等。
- 冒充：冒充领导发布命令、调阅密件；冒充主机欺骗合法主机及合法用户；冒充网络控制程序套取或修改使用权限、口令、密钥等信息，越权使用网络设备和资源等。
- 破坏系统的可用性：网络攻击者破坏计算机通信网的可用性，使合法用户不能正常访问网络资源，使有严格时间要求的服务不能及时得到响应等。
- 其他威胁：对计算机通信网的威胁还包括计算机病毒、电磁泄漏、各种灾害和操作失误等。

盘点 2014 年至今的重大信息安全事件，主要有：比特币交易站受攻击破产；Heartbleed 漏洞涉及各大网银、门户网站等，可被用于窃取服务器敏感信息，实时抓取用户的账号密码；美国有线电视公司时代华纳表示旗下约有 32 万用户的邮件和密码信息已被黑客窃取；凯悦集团旗下的 627 家连锁酒店中有 318 家酒店遭到恶意软件入侵；海康威视被黑客植入代码，导致被远程监控；网易骨干网遭攻击，百万用户无法上游戏；支付宝机房电缆被挖断，部分区域服务中断；携程网内部员工误删除代码，网站整体宕机 12 小时；苹果 xcode 开发工具大范围感染 APP 应用；水牢漏洞威胁我国十余万家网站；比特币勒索病毒大规模入侵电脑网络等。

当前，制约我国提高网络安全防御能力的主要因素有如下三方面。

（1）缺乏自主的计算机网络和软件核心技术。我国信息化建设过程中缺乏自主技术支撑，涉及计算机安全的关键技术——CPU 芯片、操作系统和数据库、网关软件大多依赖进口，这些因素使计算机网络的安全性能大大降低。

（2）安全意识淡薄。网络是新生事物，许多人一接触就忙着用于学习、工作和娱乐等，对网络信息的安全性无暇顾及，信息系统安全意识相当淡薄。同时，一些网络经营者和机构用户只注重网络效应，对安全领域的投入和管理远远不能满足安全防范的要求。

（3）运行管理机制的缺陷。运行管理是过程管理，是实现全网安全和动态安全的关键。目前我国的运行管理中网络安全管理方面人才匮乏、用户安全措施不到位、缺乏综合性的解决方案和制度上的管理。

## 6.3　信息安全技术

目前，保证信息安全的主要技术措施有信息加密技术、信息认证技术、知识版权保护技术、操作系统安全技术和网络安全技术等。

### 6.3.1　信息加密技术

随着计算机网络和通信技术的快速发展，计算机密码学得到前所未有的普及和重视，已成为信息安全主要的研究方向之一。密码技术是信息系统安全的核心和关键技术，通过数据加密技术，将信息隐藏起来，即便在传输中可窃取或截获，也可以在一定程度上提高数据传输的安全性，保证传输数据的完整性。

任何一个加密系统至少由四部分组成。
- 明文：未经任何处理的原始报文。
- 密文：加密后的报文。
- 加密/解密算法。
- 加密/解密密钥。

数据加密/解密的过程如图 6-1 所示。所谓信息加密过程就是通过加密系统把原始的数字信息（明文），按照加密算法变换成与明文完全不同的数字信息（密文）的过程。该过程的逆过程为解密，信息加密和解密过程需要加密和解密密钥。密钥从表面上来看就像是一串随机的二进制位串，密钥的长度即位数取决于特定的加密系统。

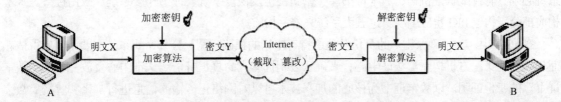

图 6-1　加密/解密过程

目前信息加密技术分为两大类：即对称加密技术和非对称加密技术。

（1）对称加密技术

对称加密技术中数据加密和解密采用同一个密钥。对称加密算法的主要优点是加密和解密速度快，加密强度高，且算法公开。最大的缺点是实现密钥的秘密分发困难，在大量用户的情况下密钥管理复杂，而且无法完成身份认证等功能，不便于应用在网络开放的环境中。目前最著名的对称加密算法有美国数据加密标准 DES 和欧洲数据加密标准 IDEA 等。

（2）非对称加密技术

非对称加密体系中，密钥被分解为一对公开密钥和私有密钥。这对密钥中任何一把都可以作为公开密钥（加密密钥），通过非保密方式向他人公开，而另一把作为私有密钥（解密密钥）加以保存。在使用不对称加密算法加密文件时，只有使用匹配的一对公钥和私钥，才能完成对明文的加密和解密过程。非对称加密方式广泛应用于身份认证、数字签名等信息交换领域。非对称加密体系一般是建立在某些已知的数学难题之上，是计算机复杂性理论发展的必然结果。最具有代表性是 RSA 公钥密码体制。

## 6.3.2 信息认证技术

信息安全主要涉及两个方面，一是通过密码技术防止入侵者破解系统的机密信息，二是通过认证技术防止入侵者伪造、篡改信息等主动攻击。信息认证技术主要包含数字签名、PKI（Public Key Infrastructure）和身份认证。

（1）数字签名技术

数字签名是一个加密的消息摘要，附加在被签名消息之后或某一特定位置的一段签名图样，建立在公开密钥加密和单向安全哈希函数算法的组合基础之上。实现数字签名的基本思想是，发送方首先对信息施以数学变换，所得的信息与原信息一一对应；接收方收到后进行逆变换，最终得到原始信息。这种方法只要数学变换方法优良，变换后的信息在传输中就具有很强的安全性，很难被破译、篡改。数字签名的算法很多，应用范围十分广泛，目前广泛使用的是 Hash 签名、DSS 签名和 RSA 签名。

数字签名可以解决防止否认、伪造、篡改及冒充等安全问题。凡是需要对用户的身份进行判断的情况都可以使用数字签名，比如加密信件、商务信函、定货购买系统、远程金融交易和自动模式处理等等。

（2）PKI 技术

PKI（Public Key Infrastructure））是利用公钥理论和技术建立的、提供安全服务的基础设施，它能够为所有网络应用提供加密和数字签名等密码服务及所必需的密钥和证书管理体系。完整的 PKI 系统必须具有权威认证机构、数字证书库、密钥备份及恢复系统、证书作废系统、应用接口等基本构成部分，构建 PKI 也应围绕着这五大系统来着手构建。

在 PKI 中，为了确保用户的身份及他所持有密钥的正确匹配，公开密钥系统需要一个值得信赖而且独立的第三方机构充当认证中心，来确认公钥拥有人的真正身份。认证中心发放一个叫"数字证书"的身份证明。以数字证书为核心的加密技术可以对网络上传输的信息进行加密和解密、数字签名和签名验证，确保网上传递信息的机密性、完整性，以及交易实体身份的真实性，签名信息的不可否认性，从而保障网络应用的安全性。

数字证书就是标志网络用户身份信息的一系列数据，在网络通讯中识别通讯各方的身份，可用于发送安全电子邮件、访问安全站点、网上证券、网上招标采购、网上签约、网上办公、网上缴费和网上税务等网上安全电子事务处理和安全电子交易活动。

（3）身份认证

身份认证是指计算机及网络系统确认操作者身份的过程，用来识别是否是授权用户，阻止非授权用户访问系统，是整个信息安全体系的基础。身份认证技术可以用于解决访问者的物理身份和数字身份的一致性问题，给其他安全技术提供权限管理的依据。通过身份认证，确认访问资源权限，防止非法用户假冒合法用户窃取敏感数据，这对保护信息资源是必要的。

在单机状态下，信息系统用户登录到计算机的认证方式主要有账户/ 口令方式、IC 卡认证方式和生物特征认证方式（如虹膜、指纹和视网膜等）。在网络环境下进行身份认证时，主要使用动态口令认证、USB Key 认证、单点登录和 RADIUS（Remote Authentication Dial-in User Service）协议认证等方法。

身份认证服务是开放网络环境中网络安全系统的一道重要防线。只有实现了有效的身份认证，才能提供访问控制、安全审计和入侵检测等其他的安全服务。一旦身份认证系统失效，网络安全系统的所有安全措施将形同虚设，黑客攻击的目标主要是身份认证系统。因此，身份认证服务是整个网络安全系统安全性的关键核心。

## 6.3.3　知识版权保护技术

所谓知识版权是指在科学、技术、文化和艺术等领域从事一切智力活动而创造的精神财富依法享有的权利。其特征主要表现为如下五方面。

- 无形产权：无形产权是权利人智力创造性劳动取得的成果，且依法享有的权利。
- 独占性：独占性是指除权利人同意或法律规定外，权利人以外的任何人不得享有或使用该项权利。
- 地域性：地域性是指只在所确认和保护的地域内有效。
- 时间性：时间性是指只在规定期限保护。
- 合法性：大部分知识版权的获得需要法定的程序，由国家专门立法部门授予。

随着计算机网络通讯技术的发展，数据信息的交换和传输变成了一个相对简单的过程，特别是信息媒体的数字化为信息的存取提供了极大的便利性。人们借助于计算机、网络设备、数字扫描仪和打印机等电子器材可以方便、快捷地将数字信息传达到世界各地。然而，其副作用是通过网络传输数据信息，使有恶意的个人或团体有可能在没有征得到信息所有者的许可便复制和传播有版权的内容。尽管在互联网出现之前版权法已经生效了，但互联网使版权保护工作变得更为复杂了。要查找文字材料的未经授权复制非常容易，但查找被盗用、剪辑和非法使用在网页上的照片就比较困难了。因此，如何在网络环境中实施有效的版权保护，保证信息安全，已成为一个迫在眉睫的现实问题。目前，知识版权的保护技术主要有如下几种。

（1）软件保护技术

近几年，对数字信息内容保护与软件防盗版已经成为软件开发商日益关注的焦点问题之一。软件保护的目的主要是禁止非法复制和使用，以及防止非法阅读和修改。因此，软件保护的主要任务是防复制、防静态分析和防动态跟踪。对于软件保护技术提出了较高的要求，需要平衡安全性和友好用户之间的关系。常用的软件保护技术有如下 6 类。

- 序列号保护：这是一种基于数学算法的软件加密方法。在用户购买软件时，会获得注册码，合法的注册信息通过软件验证后，即可获取软件的使用权，消除软件本身的各种限制。这种保护实现简单，在互联网上大多数软件都是使用这种方式进行保护的。

- 时间限制保护：试用版软件一般有时间限制，如试用 10 天、20 天、30 天等。在安装时，软件会在系统中做好时间标记，每次运行时用当前系统时间和安装时间进行比较，试用期满，软件就停止运行，只有付费注册之后，才能获得无时间限制的注册版本。

- 功能限制保护：这种试用版软件一般将部分禁止使用的功能灰色显示，只有在购买注册之后，软件功能才齐全。

- 警告窗口保护：试用版软件在软件运行过程中随机或定时弹出提示窗口，告知用户这是试用版。如 WinRAR 试用版软件，在解压缩文档时就会弹出试用版警告窗口。

- 软件激活：Windows 系列软件常用软件激活方式，将软件绑定在唯一的计算机上，联机注册即可得到软件的激活码。这种技术目前局限在新生产的计算机上，一旦更换计算机，激活码即失效，软件变为试用版。

- 磁盘保护：这种保护方式分为软盘保护、U 盘保护、光盘保护和硬盘保护等。早期的软件，如瑞星杀毒软件，就是使用软盘上的加密软件，识别软件安装的有效性。目前，使用 U 盘保护的增多，如软件的 U 盘加密狗。当使用软件时，需要将加密狗插入计算机中，软件识别出 USB 口的 U 盘加密狗，才能正常运行，否则就认为是试用版，功能受限。常见的光盘保护方式就是在程序启动时判断光驱中的光盘上是否存在特定的数据或文件，来决定是否是正版光盘。硬盘加密技术实际上是给硬盘加锁，一般用密钥盘或口令获取授权，合法使用硬盘。

（2）反跟踪技术

对软件实行信息加密和防复制，在一定程度上能保证软件的安全性，但是仍有被盗版的可能。为了增加破解者的难度，辅之反跟踪技术可以达到较好的效果。所谓反动态跟踪，就是防止破解者利用各种软件动态调试，动态跟踪工具来对被保护的软件实行动态跟踪、分析和破解的技术。常用的反跟踪技术有以下三种。

- 封锁键盘输入：在程序执行过程中在不需要输入和输出操作时，通过改变键盘中断服务入口地址或阻止键盘接收信息，暂时封锁键盘输入功能，防止破解这里用键盘输入反跟踪命令。

- 封锁屏幕显示：在程序执行过程中，无需屏幕显示时，修改显示的中断功能调用或者重新设置显示属性，使破解者无法看到动态跟踪的结果，达到反跟踪的目的。

- 利用程序设计技巧：这种方式可以增加程序结构的复杂性，给动态跟踪设置种种障碍。如关键指令代码检验策略、关键代码隐没技术、反穷举措施、分块加密技术、异常中断、定时器等。

（3）数字版权保护技术

数字版权保护技术，也称为数字版权管理（Digital Rights Management，DRM），就是以一定的计算方法，实现对文本、视频、音频和图片等数字信息的保护。DRM 技术的目的是保护数字信息的版权，从技术上防止数字信息的非法复制，或者在一定程度上增加复制的困难度，最终用户在获得授权后才能使用数字信息。

数字知识产权（包括网站上的艺术图形、图标和音乐）所面临的困境是如何在网站上发表知识产权作品，同时又能保护这些作品。迄今为止，绝对的保护是不现实的，但有些措施可提供一定程度的保护。数字版权保护方法主要有两类。

- 数字水印技术：数字水印（Digital Watermark）技术，是在数字信息中嵌入隐蔽的标记，且通常具有不可见性，提取须通过专用的检测工具。数字水印可以用于音频、图片、视频和文本的版权保护，在基本不破坏原作品质量的前提下，使人的视觉或听觉不可感知，把著作权相关的信息，隐藏在音频、图片、视频和文本中。目前，市场上的数字水印产品在应用方面还不成熟，容易被破坏或破解。

- 数据加密防复制技术：数据加密和防复制为核心的 DRM 技术，是把数字信息进行加密处理，只有授权用户才能得到解密的密钥，而且密钥是与用户的硬件信息绑定的。加密技术加上硬件绑定技术，防止了非法复制，能有效地达到版权保护的目的。

（4）防伪技术

假冒伪劣商品严重危害消费者和企业的切身利益，国家和企业投入大量人力、物力和财力进行防伪打假。目前，逐步新兴的防伪技术是应用现代科学理论与技术开发的一类特殊的用于保护标的物的技术，具有唯一性、难伪造性和识别真伪准确性。主要的防伪技术有激光全息防伪技术、射频识别防伪技术和数字跟踪防伪技术三类。

- 激光全息防伪技术：近年激光应用技术的成果，以色彩斑斓的闪光效果和全息成像原理备受关注。在国际上，被认为是最先进、最经济的防伪标识，如激光全息图像防伪标识商标。
- 射频识别防伪技术：利用射频方式进行非接触双向通信，以达到识别目的并交换数据。由于每个标签具有唯一的 ID 号码，为商品添加了一个唯一、完整、保密、可追溯的身份和属性标识，如 RFID。
- 数字跟踪防伪技术：通过物品的防伪查询码和电码鉴别伺服系统查询组成的防伪技术，具有不可伪造性、无序性、密码唯一性和一次性使用等特点，除了防伪功能外，还可以质量跟踪、投诉等。

## 6.3.4　操作系统安全技术

计算机系统安全性主要是保障机密的数据处于保密状态、未经授权的用户不能擅自改动数据、系统内资源随时为授权用户提供服务。来自计算机系统安全性的主要威胁有如下四类。

- 入侵攻击：非授权用户利用计算机系统的各种漏洞进入系统获取或破坏数据的行为。
- 数据意外丢失：软硬件故障，如磁盘不可读、程序错误和电路板损坏等，可导致数据意外丢失。
- 自然灾害：计算机不能受重压、或强烈震荡、或外力冲击，且对湿度、温度、化学药品等敏感，这些均对计算机系统构成威胁。
- 人为过失：不正确地输入数据、误操作、磁盘丢失等，可对计算机系统构成威胁。

操作系统是计算机重要的系统软件之一，用户通过操作系统可以方便地使用计算机，计算机的安全依赖于操作系统的安全性。操作系统是整个计算机系统的基础，对计算机硬件、软件资源进行管理、调度、控制和运行，是用户与计算机的接口。因此，人们不断尝试通过增强操作系统的安全性来达到减少攻击的可能性，从密码强度和存储、文件系统安全、端口和进程、安装系统补丁、授权用户和特权等方面入手，加强对操作系统的防护。下面以 Windows 操作系统为例，简要介绍 Windows 系统的常用安全策略。

（1）禁用 Guest 账户：在计算机管理的用户中将 Guest 账户禁用，任何时候都不允许 Guest 账户登录系统。为保险起见，最好给 Guest 加一个复杂的密码，作为 Guest 账号的密码，并且修改 Guest 账号的属性，设置拒绝远程访问。

（2）限制用户数量：账户数量不要大于 10 个。用户组策略设置相应权限，且经常检查系统的账户，删除已经不使用的账户、测试账户和共享账号。特别是将管理员 Administrator 账号改名，应尽量把它伪装成普通用户，可以有效防止密码被盗用。

（3）安全密码：密码强度与密码序列的长度和随机性相关。Windows 操作系统密码策略设置为42 天必须修改密码。

（4）更改默认权限：任何时候不要把共享文件的用户设置成"Everyone"组，包括打印共享（默认的属性就是"Everyone"组）。

（5）NTFS 分区：NTFS 文件系统要比 FAT、FAT32 的文件系统安全得多。

（6）管理工具：利用 Windows 安全配置工具配置安全策略，如密码策略、审核策略和账户策略等。

（7）关闭不必要的端口和服务。

（8）备份敏感数据：为保证敏感数据的完整性和有效性，需要及时备份。

（9）下载最新的补丁：经常访问微软和一些安全站点，下载最新的 Service Pack 和漏洞补丁，是保障操作系统长久安全的唯一方法。

## 6.3.5 网络安全技术

当计算机连成网络，新的安全问题出现了，旧的安全问题也以不同的形式出现。随着 Internet 的规模扩大和普及应用，网络安全正面临着严峻的挑战，如何解决在开放环境下的安全问题更成为迫切需要解决的问题。为了保证网络安全，需要实施合理的技术手段，从不同层面进行网络安全保护。下面介绍几种重要的网络安全技术。

### 1. 防火墙技术

防火墙（Firewall）是重要的网络防护设备之一。防火墙是指设置在不同网络（如可信任的企业内部网和不可信的公共网）或网络安全域之间的一系列部件的组合，防止发生不可预测的、潜在破坏性的入侵。它是不同网络或网络安全域之间信息的唯一出入口。防火墙能根据企业的安全政策控制（允许、拒绝、监测）出入网络的信息流，且本身具有较强的抗攻击能力。它是提供信息安全服务，实现网络和信息安全的基础设施。

一般来说，防火墙吞吐量越大，其对应的安全过滤带宽越宽，性能也就越好。防火墙的吞吐量是指在不丢包的情况下单位时间内通过防火墙的数据包数量，有 10MB、100MB 和 1000MB。

（1）防火墙主要类型

根据实现技术的不同，防火墙可分为如下两类。

• 包过滤（Packet filtering）型：包过滤型防火墙工作在 OSI 网络参考模型的网络层和传输层，它根据数据包头源地址、目的地址、端口号和协议类型等标志确定是否允许通过。只有满足过滤条件的数据包才被转发到相应的目的地，其余数据包则被从数据流中丢弃。包过滤方式是一种通用、廉价和有效的安全手段，它适用于所有网络服务而且大多数路由器都提供数据包过滤功能，所以这类防火墙多数是由路由器集成的，基本上能满足大多数企业安全要求。

• 应用代理（Application Proxy）型：应用代理型防火墙采取一种代理机制，它可以为每一种应用服务建立一个专门的代理，内、外部网络之间的通信不是直接的，都需先经过代理服务器审核，通过后再由代理服务器代为连接，根本没有给内、外部网络计算机任何直接会话的机会，从而避免了入侵者使用数据驱动类型的攻击方式入侵内部网。

对更高安全性的要求，常把包过滤与应用代理的方法结合起来，形成复合型防火墙产品。

（2）防火墙形态

根据实现方式的不同，防火墙可分为硬件防火墙和软件防火墙两种形态。

- 硬件防火墙：硬件防火墙采取电路级设计，效率最高。目前市场上大多数防火墙都是硬件防火墙形式，都基于 PC 架构，与普通的家庭用的计算机没有太大区别。在这些 PC 架构计算机上运行一些经过裁剪和简化的操作系统，最常用的有老版本的 Unix、Linux 和 FreeBSD 系统。

- 软件防火墙：软件防火墙运行于特定的计算机上，需要客户预先安装好的计算机操作系统的支持，一般来说这台计算机就是整个网络的网关，俗称"个人防火墙"。软件防火墙就像其他的软件产品一样需要先在计算机上安装并做好配置才可以使用。

随着新技术的发展，防火墙也会逐渐混合使用包过滤技术、应用网关技术、状态检测技术代理服务器技术和其他一些新技术，特别是 IPv6 在 Internet 中的使用，会对防火墙技术产生新的影响。

现在流行的个人防火墙软件，是应用程序级保护个人计算机系统安全的软件，可直接在用户计算机上运行，保护计算机免受攻击。

2. 虚拟专用网技术

虚拟专用网（Virtual Private Network，VPN）是近年来随着 Internet 的发展而迅速发展起来的技术，它提供了一种通过公用网络安全地对企业内部专用网络进行远程访问的连接方式。

VPN 是指将物理上分布在不同地点的网络通过公用骨干网连接而形成逻辑上的虚拟网络。虚拟专用网实际上就是将 Internet 看作一种公有数据网，企业在这种公共数据网上建立的用以传输企业内部信息的网络被称为私有网。因此，虚拟专用网并不是真正的专用网络，却能够实现专用网络的功能。VPN 与防火墙不同，防火墙建在用户和 Internet 之间，用于保护用户的电脑和网络不被外人侵入和破坏。而 VPN 是在 Internet 上建立一个加密通道，用于保护用户在网上进行通信时不会被其他人截取或者窃听。VPN 需要通信双方的配合。例如，大连海事大学为了方便本校教职工在校园网覆盖区域以外随时访问校园内资源，网信中心开通校园网 VPN 服务，本校教职工可通过 VPN 服务，经公网接入并访问校园网内部资源。

目前，VPN 主要采用隧道技术（Tunneling）、加解密技术（Encryption & Decryption）、密钥管理技术（Key Management）和身份认证技术（Authentication）四项技术来保证安全。

VPN 具有成本低、易于扩展和保证安全的特点，因此整合了范围广泛的用户，从家庭的拨号上网用户到办公室联网的工作站，以及 ISP 的 Web 服务器。由于用户类型、传输方法，以及由 VPN 使用的服务的混合性，增加了 VPN 设计的复杂性，同时也增加了网络安全的复杂性。有效地采用 VPN 技术，可以防止欺诈、增强访问控制和系统控制、加强保密和认证。

3. 入侵检测技术

入侵检测（Intrusion Detection，ID）顾名思义是对入侵行为的发觉。入侵检测是通过对计算机网络或计算机系统中的若干关键点的信息收集，并对其进行分析，从中发现网络或系统中是否有违反安全策略的行为和被攻击的迹象。入侵检测技术是继"防火墙""数据加密"等传统安全保护措施后出现的新一代安全保障技术。入侵检测技术作为一种积极主动的防御技术，提供了对内部供给、外部攻击和误操作的实时保护，在网络系统受到危害之前拦截和响应入侵，为系统提供强有力的保护。

入侵检测技术通过收集信息、信息分析能够实现监视分析用户及系统活动、系统构造和弱点的审计、识别反映已知进攻的活动模式并向相关人士报告异常行为模式的统计分析、评估重要系统和数据文件的完整性以及操作系统的审计跟踪管理、识别用户违反安全策略的行为等。

入侵检测的方法主要有：统计分析、神经网络、机器学习、贝叶斯网络、模式匹配、专家系统和协议分析等。一个成功的入侵检测系统能使系统管理员能够时刻了解网络系统（包括程序、文件和硬件设备等）的任何变更，从而方便地获得一个网络信息系统的安全保护。

### 4. 黑客技术

黑客（HACKER）一词来源于英语 HACK，起源于 20 世纪 70 年代美国麻省理工学院的实验室，当时在那里聚集了大批精通计算机科学，具备了良好科学素质的高级人才，经常研究或是开发出许多新的具有开创意义的产品及技术，营造了良好的文化氛围，逐渐就形成了一种独特的黑客文化。他们恪守"永不破坏任何系统"的原则，检查系统的完整性和安全性，并乐于与他人共享研究的成果。可是现在很多黑客却违背了这个原则，成了真正的计算机系统的入侵者与破坏者，以进入他人防范严密的计算机系统为生活的一大乐趣，从而构成了一个复杂的黑客群体，对国内外的计算机系统和信息系统构成极大的威胁。

"恶意"黑客攻击的主要目的是获取目标系统的非法访问、获取所需资料、篡改有关数据和利用有关资源。目前，黑客主要有恶作剧型、隐蔽攻击型、定时炸弹型、矛盾制造型、职业杀手型、窃密高手型和业余爱好型等类型。

网络是多种信息技术的集合体，作为网络的入侵者，黑客的工作主要是通过对技术和技术实现中的逻辑漏洞进行挖掘，对非授权操作的信息进行访问和处理。黑客常用的攻击方式主要有获取口令、放置特洛伊木马程序、Web 的欺骗技术、电子邮件攻击、通过一个节点来攻击其他节点、网络监听、寻找系统漏洞、利用账号进行攻击和偷取特权等。

随着黑客工具的简单化和傻瓜化，众多的技术水平不高的用户也可以利用手中的黑客工具大肆进行攻击，使信息安全受到了极大的威胁，对此，我们在使用网络时要树立安全防范意识，保护电脑免受黑客的攻击。

## 6.4 信息安全法律法规

由于互联网具有跨国性、无主管性、不设防性、缺少法律约束性，在信息网络信用体系尚未建立，人们的道德水准未达到高度自律，法律法规还不够完善的情况下，在对社会经济、文化、科学技术日常活动等各方面发展进行推动的同时，也带来巨大的法律风险。

信息安全法律法规所涉及的内容比较广泛，如计算机及网络安全、网络知识产权保护、公民隐私等个人数据权的保护、计算机及网络违法犯罪、侵害消费者权益等。

### 1. 国际方面的法律法规

世界各国从 20 世纪 60 年代就开始对计算机安全与犯罪进行立法保护。与电子信息网络相关的立法，从内容上看涉及面较为宽泛，大致可以分为如下 6 种类型。

- 与民商法相关的电子信息网络法：主要是民商法原则在网络环境下的延伸，如电子商务合同法、互联网知识产权法、电子商务涉及的税法、网上支付的法律问题、安全与隐私权、电子证据、电子商务中的广告法律问题、电子商务的管辖权等。

- 与行政法相关的电子信息网络法：主要涉及政府、企业、社会组织和个人在电子信息网络安全方面的规则，网上统计调查法律规则，如政府网上统计规则和民间网上统计规则等。
- 与证据法相关的电子信息网络法：既包括民事方面的电子商务证据，如数据电文、数字签名证据，也包括刑事电子证据的认定和保存规则。
- 与程序法相关的电子信息网络法：主要是网络交易纠纷和网络犯罪的管辖权，侦察、监控规则，法庭辩论和调查规则等。
- 与刑法相关的电子信息网络法：包括网络犯罪的定义、分类和刑罚。
- 与国际公约相关的电子信息网络立法：主要是各国政府就已经加入或者将来有可能加入的国际公约，制定国内法。

**2. 国内方面的法律法规**

1994 年 2 月 18 日，我国国务院令第 147 号发布了《中华人民共和国计算机信息系统安全保护条例》。该条例是我国历史上第一个规范计算机信息系统的安全管理、惩治侵害计算机安全的违法犯罪的法规，在我国网络安全及防止犯罪立法史上具有非常重要的里程碑意义。

自 1997 年开始国务院陆续颁布了《计算机信息网络国际联网安全保护管理办法》、《互联网信息服务管理办法》、《互联网电子公告服务管理规定》和《互联网上网服务营业场所管理条例》等行政法规，以上法规强调重视计算机信息网络安全的保护，基本上弥补了《保护条例》的缺陷，构建了较为完备的网络安全法规体系。全国人大常委会 2000 年通过了《关于维护互联网安全的决定》，第一至第五条从不同层面规定了网络犯罪的刑法问题，规定了五类网络犯罪的刑事责任；2006 年颁布的《中华人民共和国治安处罚法》也对破坏计算机及计算机信息系统、对国家安全和社会治安危害严重尚未构成犯罪的行为进行了定义。还有最高人民法院、最高人民检察院、公安部 2010 年《关于办理网络赌博犯罪案件适用法律若干问题的意见》、2011 年《关于办理危害计算机信息系统安全刑事案件应用法律若干问题的解释》、2012 年颁布的《关于加强网络信息保护的决定》和 2013 年颁布的《审理编造、故意传播虚假恐怖信息刑事案件适用法律若干问题的解释》；全国人大常委会 2016 年颁布的《中华人民共和国网络安全法》等。

我国颁布的《2006～2020 年国家信息化发展战略》把全面加强国家信息安全保障体系建设作为信息化发展的战略重点，同时把推进信息化法制建设，制订和完善包括信息安全在内的法律法规作为推动我国信息化发展的战略行动之一。

作为每一个公民，网络道德和计算机职业道德要求我们要自觉遵守国家的法律法规，一方面，不利用计算机做任何有悖道德和法律的事情；另一方面，还应监督他人，对发现的不良行为要及时报告，尽快制止。特别是作为当代大学生，应当在日常的学习和生活中注意培养计算机网络文化素质，自觉遵守国家有关法律、行政法规，严格执行安全保密制度，不得利用国际互联网从事危害国家安全、泄露国家秘密等违法犯罪活动，不得制作、查阅、复制和传播妨碍社会治安的信息和淫秽色情等信息、不得故意制作和传播计算机病毒等有害程序。自觉遵守网络道德，养成良好的网络行为，促进我国信息网络的正常、有序发展。

# 习 题

## 一、填空题

1. _____就是对网络或操作系统上的可疑行为做出策略反应，及时切断入侵源，并通过各种途径通知网络管理员，最大幅度地保障系统安全，被认为是_____之后的第二道安全闸门。

2. 数字签名中，发送方使用_____来签名，接收方使用_____来验证签名。

3. 按照计算机病毒的传播媒介分类，可以将病毒分为_____和_____。

4. 信息网络安全的核心和关键技术是_____。

5. 通常把计算机病毒、蠕虫和木马等带有攻击意图编写的一段程序称为_____。

## 二、判断题

1. 信息系统安全是涉及计算机技术和网络技术的一门技术性学科。 （    ）

2. 信息安全的属性主要指机密性、完整性、可用性、可控性和不可否认性。 （    ）

3. 只要安装了防火墙和防病毒软件就能保证系统安全。 （    ）

4. 数字签名就是在手写板上签名，然后将签名的图像传输到电子文档中。 （    ）

5. 数字证书采用的是公钥密码体制。 （    ）

6. 杀毒软件经过多年的发展已经很成熟，而且品种丰富，所以病毒已经无法对网络信息安全构成威胁。 （    ）

7. 养成良好的上网习惯可以有效提高个人计算机系统的安全程度，降低网络威胁。 （    ）

8. 系统出现异常，可能是计算机正常现象，只要不影响正常使用，可以不做处理。 （    ）

## 三、单项选择题

1. 下列关于计算机病毒的叙述中，错误的是（    ）。

    A. 计算机病毒具有潜伏性

    B. 感染过病毒的计算机具有对该病毒的免疫性

    C. 计算机病毒具有传染性

    D. 计算机病毒是一个特殊的寄生程序

2. 不属于数字签名的是（    ）。

    A. 智能卡签名　　　B. 电子化签名　　　C. RSA 签名　　　D. HASH 签名

3. 面向网络应用的分层思想，认为信息安全包括内容安全、数据安全、运行安全和（    ）。

    A. 网络安全　　　　B. 连接安全　　　　C. 实体安全　　　　D. 应用安全

4. 恶意代码传播过程中不需要宿主程序的是（    ）。

    A. 计算机病毒　　　B. 蠕虫　　　　　　C. 木马　　　　　　D. 漏洞

5. 设置在不同网络或网络安全域之间并能根据企业的安全政策控制允许、拒绝、监测出入网络的信息流，提供信息安全服务，实现网络和信息安全的设备是（    ）。

    A. 防火墙　　　　　B. 入侵检测　　　　C. 虚拟专用网　　　D. PKI

6. 加密技术是一种主动的防卫手段，包括（    ）。

    A. 加密和解密　　　　　　　　　　　　B. 认证

    C. 数字签名和签名识别　　　　　　　　D. 以上均是

7. 2008 年北京奥运会使用了手背式静脉门禁系统，它的原理类似于虹膜识别，是（　　）认证方式。

A. 账户/口令　　　　B. IC 卡　　　　C. 生物特征　　　　D. 以上都不是

8. 2007 年，在短短两个多月内，数百万电脑用户被感染"熊猫烧香"。这体现了病毒的（　　）特点。

A. 潜伏性　　　　B. 传染性　　　　C. 可触发性　　　　D. 破坏性

9. 美国总统（　　）于 2000 年 6 月 30 日正式签署的《电子签名法案》是网络时代的重大立法，它使电子签名和传统的亲笔签名具有同等法律效力，被看作美国迈向电子商务时代的一个重要标志。

A. 奥巴马　　　　B. 尼克松　　　　C. 克林顿　　　　D. 布什

10. 下列关于计算机病毒的叙述中，正确的是（　　）。

A. 反病毒软件可以查、杀任何种类的病毒

B. 计算机病毒是一种被破坏了的程序

C. 反病毒软件必须随着新病毒的出现而升级，提高查、杀病毒的功能

D. 感染过计算机病毒的计算机具有对该病毒的免疫性

## 四、简答题

1. 什么是信息安全？

2. 信息安全的基本属性有哪些？

3. 信息网络自身的脆弱性包括哪些？

4. 简述 Windows 操作系统安全策略（列举出 5 项）。

5. 目前常用的信息安全技术有哪些？

6. 什么是恶意代码？恶意代码如何分类？

7. 什么是计算机病毒？计算机病毒具有哪些特征？

# 07 第7章 实验案例

## 7.1 实验案例一:简单对等网的组建

应用场景:王同学和李同学同住一个宿舍,他们各有一台计算机。为了相互共享各自计算机中的资源,他们决定组建一个简单的局域网。你能帮助他们完成这项任务吗?

### 7.1.1 组网方案

针对本应用,可以采用两种方案来实现。

- 方案一:利用一根交叉双绞线将两台计算机互联。这种方案成本低,而且很方便。
- 方案二:购买一个集线器(Hub)或者一台交换机,将两台计算机互联。这种方案虽然比第一种成本高,但可以支持两台以上的计算机互联,便于网络扩展。

### 7.1.2 实验环境与设备

**1. 方案一所需实验环境与设备**

两台装有以太网卡和 Windows 7 系统的计算机(分别称作 PC1 和 PC2),一根交叉双绞线。将交叉双绞线两端的 RJ-45 接头分别插入两台计算机上的以太网卡的 RJ-45 插座中,组成如图 7-1 所示的简单对等网。

**2. 方案二所需实验环境与设备**

两台装有以太网卡和 Windows 7 系统的计算机,两根直连双绞线,一台以太网交换机(或者 Hub)。直连双绞线两端的 RJ-45 接头分别连接到计算机的以太网卡和交换机(或 Hub)的一个端口。组成的简单对等局域网如图 7-2 所示。

图 7-1 通过交叉双绞线连接的对等网

图 7-2 使用交换机(或 Hub)连接的对等网

### 7.1.3 TCP/IP 的设置

#### 1. IP 地址分配

入网的每台计算机都需要一个唯一的 IP 地址。因为需要组建的是内网，所以要为两台计算机分配内部（私有）IP 地址段的 IP 地址。实验中，为 PC1 分配的 IP 地址为 172.23.202.11，为 PC2 分配的 IP 地址为 172.23.202.12，两者的子网掩码均为 255.255.255.0。

接下来，需要通过配置 TCP/IP 协议操作，将上面分配好的 IP 地址配置到各台计算机中。Windows7 中，TCP/IP 协议的设置内容主要有 IP 地址、子网掩码、默认网关和 DNS 服务器等。针对本对等网实验，只需要配置 IP 地址和子网掩码，而默认网关和 DNS 服务器可先不用配置。

#### 2. TCP/IP 协议配置

Windows 7 中，配置 TCP/IP 协议的过程如下。

首先打开"开始"→"控制面板"→"网络和共享中心"；在"网络和共享中心"选择"更改适配器设置"，然后找到网络设备，单击右键，选择"属性"。在弹出的属性对话框中，双击"Internet 协议版本 4（TCP/IPv4）"后，系统弹出图 7-3 所示的对话框。默认情况下，系统选择"自动获得 IP 地址"单选按钮，此时需要网络中有 DHCP 服务器提供 IP 地址的管理和分配服务。用户也可以选择"使用下面的 IP 地址"单选按钮和"使用下面的 DNS 服务器地址"单选按钮，然后输入相应的内容，即通常所说的使用静态 IP 地址。

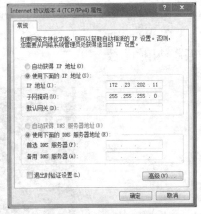

图 7-3 TCP/IP 协议属性配置对话框

这里选择使用静态 IP 地址。以 PC1 为例，打开图 7-3 所示的 TCP/IP 协议属性配置对话框，选择"使用下面的 IP 地址"单选按钮，在"IP 地址"文本框中输入 172.23.202.11，在"子网掩码"文本框中输入 255.255.255.0，默认网关和域名服务器可先不用设置。单击"确定"按钮，在随后打开的对话框中单击"确定"按钮，然后单击"关闭"按钮，完成设置。

按同样方法，为 PC2 配置 IP 地址 172.23.202.12 和子网掩码 255.255.255.0。

#### 3. 查看计算机中的 TCP/IP 配置信息

通过 ipconfig 命令可以查看计算机中的 TCP/IP 配置信息。以 PC1 为例，单击"开始"→"运行"，打开"运行"对话框，输入命令 cmd，打开 DOS 命令窗口。在 DOS 窗口中输入 ipconfig，运行窗口如图 7-4 所示。ipconfig 命令也可以带参数使用，主要的命令参数功能如表 7-1 所示。

图 7-4 PC1 ipconfig 命令运行窗口

表 7-1　ipconfig 命令及主要的命令参数功能

| 命令/参数 | 功能说明 |
| --- | --- |
| ipconfig/all | 显示本机 TCP/IP 配置的详细信息 |
| ipconfig/release | DHCP 客户端释放 IP 地址 |
| ipconfig/renew | DHCP 客户端更新 IP 地址 |
| ipconfig/displaydns | 显示本地 DNS 缓存内容 |
| ipconfig/flushdns | 清除本地 DNS 缓存内容 |
| ipconfig/? | 显示帮助信息 |

#### 4. 网络连通测试

在使用网络访问资源之前，首先要确定网络连通是否正常。这可以通过网络测试工具 ping 命令来进行。ping 命令是一个实用的网络测试程序，用于确定本地主机是否能向另一台主机发送并从这台主机接收数据。根据 ping 返回结果，可以确定 TCP/IP 属性设置是否正确及网络运行是否正常。在一个运行正常的网络中，ping 运行的结果应该是成功的。

在 Windows 7 的 DOS 命令窗口，输入 ping 命令，可以看到如图 7-5 所示的 ping 命令语法格式及所使用的参数。

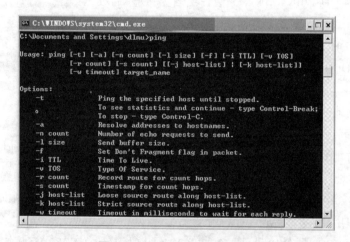

图 7-5　ping 命令语法格式及参数

其中最主要的参数 target_name 表示目的地址，可以是被测试计算机的 IP 地址或域名。

以 PC1 为例，要想检查本机网络环境配置是否正常，可在 PC1 上 ping 回环地址 127.0.0.1 或 ping 本机 IP 地址 172.23.202.11，即自己给自己发送连通测试信息。若执行结果如图 7-6 所示，则说明 PC1 网卡及 TCP/IP 属性配置都正常。

从图 7-6 中可以看，ping 命令运行时，默认发出 4 个回响请求数据包，如果只要求发送两次回响请求信息，则可使用带参数的 ping 命令来实现：ping-n 2 127.0.0.1。

若要测试 PC1 与 PC2 连接是否正常，可在 PC1 上 ping PC2 的 IP 地址，即运行命令 ping 172.23.202.12，若执行结果如图 7-7 所示，则说明 PC1 与 PC2 连通正常。

按同样方法，可在 PC2 上测试与 PC1 的连通性。若 PC2 也能 ping 通 PC1，则说明两台计算机联网成功。如果有多台计算机联网，对每台计算机的测试方法如上所述。

如果连通测试不成功，则可按以下顺序对每台计算机进行检查。

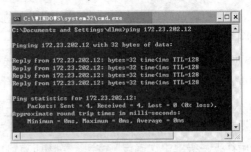

图 7-6　PC1 ping 127.0.0.1 命令运行窗口　　　　图 7-7　PC1 ping 172.23.202.12 命令运行窗口

（1）检查 TCP/IP 属性设置是否正确。

（2）检查 Windows 7 自带的防火墙是否关闭。操作过程如下。

打开"控制面板"选择"系统和安全"，在其中选择"Windows 防火墙"选项栏，单击"打开或关闭 Windows 防火墙"选项进行设置，选中"关闭 Windows 防火墙（不推荐）"单选按钮，然后单击"确定"按钮，即可将 Windows 防火墙关闭。

（3）检查硬件是否有问题，如网卡插好没有，是否是好的；网线连好没有，是否完好等。

### 7.1.4　设置局域网文件共享

文件共享是 Windows 7 提供的一项网络服务。通过文件共享，用户可以方便地访问网络中其他计算机上的文件资源。Windows 7 提供了两种文件共享方式。

● 简单文件共享：该方式可以让网络上的任何用户，在不需要提供任何密码的情况下，访问网上已共享的文件资源。

● 高级文件共享：该方式要验证访问者的用户名和密码，并且对于不同的访问者可以设置不同的访问权限。

Windows 7 中默认的文件共享方式是简单文件共享。通过简单文件共享可以实现文件夹共享和磁盘驱动器共享。

1. 共享文件夹

（1）找到需要共享的文件夹，右键单击，选择属性，如图 7-8 所示。

（2）单击"共享"→"高级共享"，进入高级共享设置窗口，首先勾选"共享此文件夹"，接着设置共享名，如图 7-9 所示。

图 7-8　文件共享设置对话框

图 7-9　"高级共享"对话框

（3）接着选择"权限"，单击"添加"来添加我们要共享的用户，如图 7-10 所示的对话框。

（4）在弹出的"选择用户或组"窗口中，选择"高级"，单击"立即查找"，在搜索结果中找到我们需要共享文件夹的计算机并选中。

（5）选中用户后，回到"选择用户或组"窗口时就能看到选中的用户，单击"确定"按钮，并为其设置共享文件夹相应的权限。最后往上一级单击"确定"按钮，关闭所有窗口，共享文件夹就设置完成了。其他用户通过"开始"→"运行"→"\\IP"，就可以访问你共享的文件了。

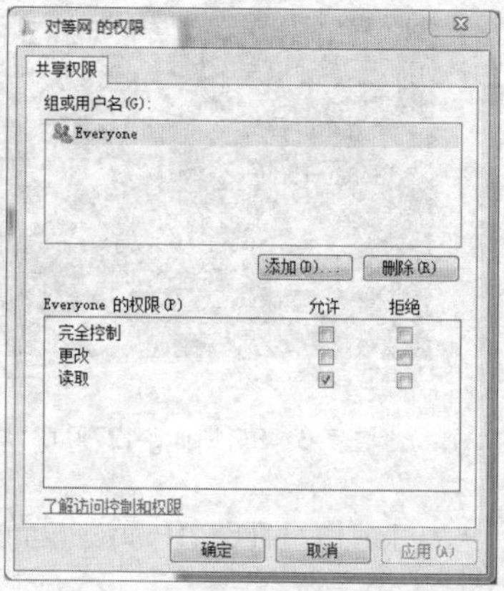

图 7-10 "权限"设置对话框

**2. 共享磁盘**

右键单击需要共享的磁盘盘符，选择属性，选中"共享"→"高级共享"命令。单击权限，添加相应的用户或组，并为其勾选共享磁盘的操作权限。共享磁盘的操作过程与文件夹共享操作过程基本相同。

### 7.1.5 设置局域网共享时常见的问题及解决办法

（1）在"网上邻居"中看不到对方。

首先确定双方是否在同一个工作组，如果不在，则要修改，使双方属于同一工作组。

具体操作过程为：右键单击"计算机"→"属性"→"计算机名"→"更改设置"，将双方设置在同一个工作组。

（2）访问共享文件时，出现要求输入用户名和密码，或提示"您没有权限使用网络资源……"等信息。

- 确定 Windows 7 自带的防火墙是否关闭：操作方法见 7.1.3 节。
- 确定对方是否开启 guest 账户：在提供共享的计算机上，右键单击"计算机"→"管理"→"本地用户和组"→"用户"→"Guest"→"属性"，将"账户已禁用"复选框中的勾去掉，从而开启 guest 账户。

如果还不能访问，大多是本地安全策略限制了用户访问。依次展开"控制面板"→"系统和安全"→"管理工具"→"本地安全策略"→"本地策略"→"用户权限分配"项，在"拒绝从网络访问这台计算机"的用户列表中，如看到 guest 或相应账号的话，直接删除即可，网络上的用户就可以访问了。

## 7.2 实验案例二：域名服务器 DNS 的配置

应用场景：某单位办公室有若干台计算机，已经连成局域网。随着网络应用的不断深入，员工们发现先前通过 IP 地址进行互访的方式越来越不方便。于是，他们决定增设一台 DNS 服务器，并给办公室里的一些重要主机注册域名。你能帮助他们完成这项任务吗？

### 7.2.1 实验设备及环境

若干台计算机组成局域网，其中一台计算机装有 Windows 2003 Server 操作系统，作为 DNS 服务器,其他计算机装有 Windows7 操作系统,作为客户机。为了描述方便,这里称 DNS 服务器为 S_DNS,称其他客户机分别为 PC1、PC2……

各计算机的 IP 地址分配情况如图 7-11 所示。注意,DNS 服务器一定要分配静态 IP 地址。

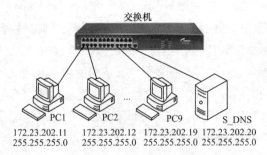

图 7-11　实验案例二网络示意图及 IP 地址分配

## 7.2.2　安装 DNS 服务器

Windows Server 2003 中的 DNS 服务不是默认安装,需手动添加。

(1)安装 DNS 服务器:选择控制面板中的"添加或删除程序"→"添加/删除 Windows 组件"→"网络服务"→"域名系统 DNS"命令进行安装。

(2)启动 DNS 服务:选择"开始"→"程序"→"管理工具"→"DNS"命令来启动 DNS 控制台,如图 7-12 所示。

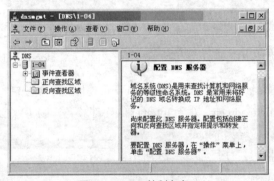

图 7-12　DNS 控制台窗口

## 7.2.3　建立和管理 DNS 区域

设置 DNS 服务器,首要任务就是建立 DNS 区域和域的树状结构。DNS 服务器以区域为单位来管理服务。区域是一个数据库,用来链接 DNS 名称和相关数据。

DNS 区域分为两类:一类是正向查找区域,即名称到 IP 地址的数据库,用于提供域名映射为 IP 地址的服务;另一类是反向查找区域,用于 IP 地址映射为域名的服务。一般情况下,客户机使用的是正向查找,建立和配置反向查找区域并不是必需的,它只是 DNS 服务的可选部分。这里只介绍正向查找区域的创建过程。

本实验案例中,假设为创建的正向查找区域命名为 net.test。

(1)打开如图 7-12 所示 DNS 控制台,右键单击"正向查找区域",选择"新建区域"。打开"欢迎新建区域向导"对话框，单击"下一步"按钮，打开图 7-13 所示的"区域类型"对话框，选择区域类型。

这里有三种区域类型，主要区域、辅助区域和存根区域。要理解区域类型，先要了解 DNS 服务器有主服务器和辅助服务器的区别。一般情况下，会为域名服务配备两个 DNS 服务器，一个是主服务器，另一个是辅助服务器。一般的解析请求由主服务器负责，辅助服务器的数据是从主服务器复制而来的，辅助服务器的数据是只读的。当主服务器出现故障或由于负载太重无法响应客户机的解析请求时，辅助服务器会担负起域名解析任务。主服务器使用的区域就是主要区域，辅助服务器使用的区域是辅助区域。存根区域可以看作是一个特殊的、简化的辅助区域。

从逻辑上，一定是先创建主要区域，因为辅助区域和存根区域都需要从主要区域复制数据。因此，本步选择"主要区域"单选按钮，单击"下一步"按钮，打开图 7-14 所示的"区域名称"对话框。

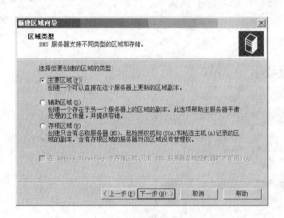

图 7-13 "区域类型"对话框

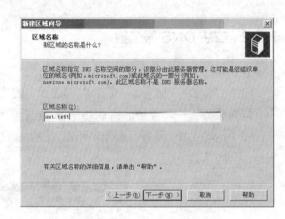

图 7-14 "区域名称"对话框

（2）在图 7-14 中，输入区域名称。如果用于 Internet 上，则这里的名称一般是申请的二级或三级域名，如 google.com、dlmu.edu.cn。对于 Intranet 的内部域名，则可以自行定义，甚至可使用顶级域名。在本实验中，输入区域名为 net.test。

（3）单击"下一步"按钮，打开如图 7-15 所示的"区域文件"对话框。选择"创建新文件，文件名为"单选按钮，使用默认文件名 net.test.dns，单击"下一步"按钮，打开"动态更新"对话框。

（4）在"动态更新"对话框中，选择"不允许动态更新"单选按钮，单击"下一步"按钮，打开"正在完成新建区域向导"对话框。

（5）在"正在完成新建区域向导"对话框中可显示新建区域的基本信息，单击"完成"按钮，完成新建区域。

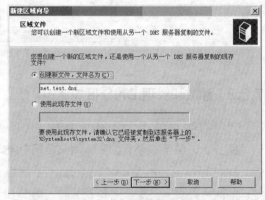

图 7-15 "区域文件"对话框

## 7.2.4 建立和管理 DNS 资源记录

区域文件记录的内容就是资源记录，DNS 通过资源记录来识别 DNS 信息。创建区域之后，需要向区域添加资源记录。常用的资源记录有起始授权机构（SOA）记录、名称服务器（NS）记录、主机（A）记录、别名（CHAME）记录、邮件交换器（MX）记录和指针（PTR）记录等。针对本实验案例，只需建立主机记录和别名记录。

## 1. 建立主机记录

并非所有的计算机都需要主机资源记录，但是在网络上以域名访问的计算机需要该记录。一般为具有静态 IP 地址的服务器创建主机记录，当然，也可以为具有静态 IP 地址的客户机创建主机记录。本实验中，假设为 PC1 和 PC2 创建主机记录，域名分别为 pc1.net.test 和 pc2.net.test。

（1）在 DNS 控制台中选中上一节建立的正向查找区域 "net.test"，如图 7-16 所示。右键单击，选择 "新建主机"，打开如图 7-16 所示的 "新建主机" 对话框。

（2）在图 7-17 中，输入名称 pc1，输入 IP 地址 172.23.202.11，如果建立了反向查找功能，还需要选中 "创建相关的指针（PTR）记录" 复选框，单击 "添加主机" 按钮，完成该主机记录的创建。用同样方法，创建 PC2 的主机记录。

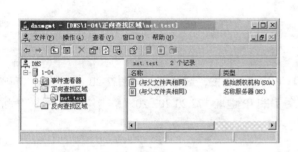

图 7-16　DNS 正向查找区域 net.test

图 7-17　"新建主机" 对话框

## 2. 建立别名记录

别名记录一般用来标识同一主机的不同用途。例如，假设本实验案例中，主机 PC1 既是 Web 服务器也是 FTP 服务器。那么，用户可以通过域名 pc1.net.test 来访问 Web 服务，同样也可用该域名来访问 FTP 服务，这样容易引起用户混淆。通过别名即可解决此问题。

需要说明的是，单一用途的主机同样也可以申请别名记录。而且当建立了别名记录后，可以让用户通过别名访问主机上的服务，这样就可以隐藏主机的真实域名，起到一定的安全保护作用。

建立别名记录的操作如下。

（1）在 DNS 控制台中选中区域 "net.test"，右键单击，选择 "新建别名" 命令，打开如图 7-18 所示的 "新建资源记录" 对话框。

（2）在 "别名" 文本框中输入别名名称，这里是相对于父域的名称。别名多以服务命名，如 www 表示 Web 服务器，ftp 表示 FTP 服务器，news 表示新闻服务器等，当然也可取其他好记的名称。在 "目标主机的完全合格的域名（FQDN）" 文本框中输入该别名对应的主机的全称域名，也可单击 "浏览" 按钮，从 DNS 记录中选择。

假设我们为主机 PC1 建立两个别名：一个用于 Web 服务，一个用于 FTP 服务。首先，在图 7-18 所示的 "别名" 文本框中输入 www，在 "目标主机的完全合格的域名（FQDN）" 文本框中输入 pc1.net.test；然后，单击 "确定" 按钮完成 Web 服务器别名的建立。这样，用户访问 Web 服务时，可通过域名 www.net.test 进行。按同样方法，为 FTP 服务建立别名 ftp.net.test。

建立主机记录和别名记录后，正向查找区域 "net.test" 全部记录情况如图 7-19 所示。

图 7-18  "新建资源记录" 对话框

图 7-19  正向查找区域 "net.test" 中的记录

### 7.2.5  域名服务测试

1. 配置 DNS 客户端

以 PC2 为例，打开 "Internet 协议版本（TCP/IPv4）属性" 对话框，如图 7-20 所示，将 "首选 DNS 服务器" 的 IP 地址改为本实验中 DNS 服务器的 IP 地址 172.23.202.20，单击 "确定" 按钮完成设置。

2. 测试 DNS 服务器

在 PC2 中打开 DOS 命令窗口，输入命令 ping pc1.net.test，运行结果如图 7-21 所示。然后在 PC2 的 DOS 命令窗口中依次输入 ping www.net.test，ping ftp.net.test，观察运行结果。如果执行结果都能如图 7-21 那样，说明正向 DNS 查找服务配置成功。

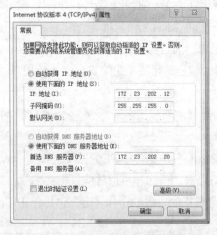

图 7-20  PC2 TCP/IP 属性设置

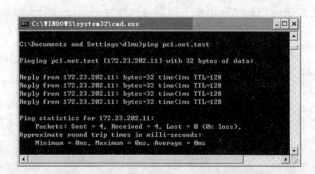

图 7-21  PC2 中 ping pc1.net.test 运行结果

3. 在进行域名服务实验时常出现的问题

用 ping 命令测试主机的 IP 地址是通的，测试主机的域名则不通。

（1）确定测试机上配置的 DNS 服务器的 IP 地址是否是实验中的 DNS 服务器的 IP 地址。

（2）本地计算机设有 DNS 缓存。有时虽然已经对出现的问题做了更正，但由于 DNS 缓存的存在，使得更正不起作用。这时可使用 ipconfig/displaydns 命令来查看 DNS 缓存，如果发现缓存的域名解析不正确，可使用 ipconfig/flushdns 命令来清除 DNS 缓存，然后再进行域名测试，就成功了。

（3）实验中在 DNS 服务器上做了修改后，由于某些原因，设置没有马上生效，这时可以对服务器进行"刷新"操作，来更新 DNS 设置。

# 7.3  实验案例三：Web 服务器与 FTP 服务器的配置

应用场景：在实验案例二中，由于工作需要，办公室准备在网络中增加 Web 服务和 FTP 服务功能。打算将 Web 服务器和 FTP 服务器安装在同一台服务器上。你能帮助他们完成 Web 服务器、FTP 服务器的架设任务吗？

## 7.3.1  实验设备及环境

在 7.2 节实验二的网络环境中，增加一台 Web/FTP 服务器（实验中称作 S_WF），装有 Windows Server 2003 操作系统。需要为 S_WF 分配静态 IP 地址。分配的 IP 地址如图 7-22 所示。

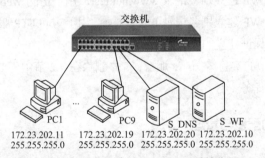

图 7-22　实验案例三网络示意图及 IP 地址分配

## 7.3.2  安装 Web 服务器和 FTP 服务器

Windows Server 2003 中集成有 Internet 信息服务 IIS 6.0。IIS 6.0 不仅提供 Web 服务，还提供 FTP 服务、SMTP 服务和 NNTP 服务。Windows Server 2003 中的 Web 服务和 FTP 服务都不是默认安装，需手动添加。

（1）安装 Web/FTP 服务器：选择控制面板中的"添加或删除程序"→"添加/删除 Windows 组件"→"应用程序服务器"→"Internet 信息服务"，在打开的对话框中，将"万维网服务"和"文件传输协议（FTP）服务"都选中，然后根据提示进行安装。

（2）启动 IIS 服务：选择"开始"→"程序"→"管理工具"→"Internet 信息服务（IIS）管理器"命令，打开如图 7-23 所示的 IIS 管理器窗口。通过 IIS 管理器窗口，实现对 Web 服务器和 FTP 服务器的配置管理。

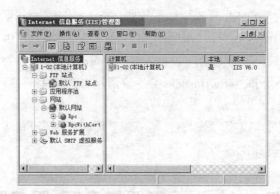

图 7-23　IIS 管理器窗口

### 7.3.3　为 Web 服务器和 FTP 服务器申请域名

为了方便用户访问 Web 和 FTP 服务，将为 Web 服务器和 FTP 服务器申请域名。由于 Web 和 FTP 服务安装在同一服务器上，因此利用别名来区分 Web 和 FTP 服务。

如果本实验与 7.2 节的实验案例二无关联，那么，请参照 7.2 节的实验案例二，完成以下操作。

（1）配置 DNS 服务器，建立正向查找区域 net.test。

（2）为服务器主机 S_WF 建立主机记录 s_wf.net.test。

（3）为服务器主机 S_WF 建立别名记录 www.net.test，用于访问 Web 服务。

（4）为服务器主机 S_WF 建立别名记录 ftp.net.test，用于访问 FTP 服务。

（5）进行域名测试，保证建立的域名好用。

如果本实验延续 7.2 节的实验案例二，那么，首先删除在 7.2 节中为 PC1 创建的别名记录，然后，完成上面（2）～（5）项任务。

### 7.3.4　Web 服务器的配置与管理

**1．网站规划**

准备在 Web 服务器上建立两个 Web 站点，一个是办公网站，一个是休闲网站。

- 办公网站的主目录是 D: \ job，其主页文件名为 job.htm。
- 休闲网站的主目录是 D: \ fun，其主页文件名为 fun.htm。

实验中，网站的内容是模拟的。最简单的方法可以通过 Word 创建网页文件 job.htm、fun.htm 及其他网页文件。办公网站的网页文件存放在 D: \ job 下，休闲网站的网页文件存放在 D: \ fun 下。

在一台服务器上建立多个 Web 站点的技术，就是通常所说的虚拟主机技术。企业建立网站，多数选择经济实用的虚拟主机方式。

IIS 6.0 通过分配 TCP 端口号、IP 地址和主机头名来运行多个网站。每个 Web 网站都具有唯一的由 TCP 端口号、IP 地址和主机头名三项组成的网站标识。通过更改标识中的任何一项，就可以用来标识 Web 服务器上的不同网站。因此，虚拟主机的关键就在于为网站分配不同的标识信息。

本实验通过不同的端口号来实现虚拟主机。其中，办公网站采用 Web 服务器默认的端口号 80，休闲网站选取端口号 8080。这样，访问办公网站时，只要输入网址 http://172.23.202.10 或 http://www.net.test 即可。而访问休闲网站时，需要输入 http://172.23.202.10：8080 或 http://www.net.test：

8080，这时端口号 8080 不能省略。

### 2. 创建 Web 网站

（1）创建办公网站

IIS 安装时会创建一个默认 Web 网站。打开 IIS 管理器窗口，右键单击"默认网站"，选择"停止"命令，停止默认网站的运行。然后，右键单击"网站"，选择"新建"→"网站"命令，打开网站创建向导；单击"下一步"按钮，在网站描述文本框中输入 job，表示办公网站；单击"下一步"按钮，出现图 7-24 所示的"IP地址和端口设置"对话框。

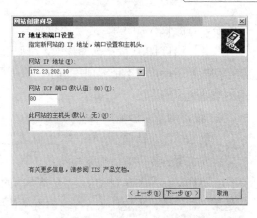

图 7-24　"IP 地址和端口设置"对话框

在图 7-24 中，通过"网站 IP 地址"文本框右侧下拉箭头，选择 IP 地址 172.23.202.10，网站 TCP 端口选用默认值 80，网站主机头默认空。注意，本对话框也可以直接单击"下一步"按钮跳过，然后在"网站属性设置"对话框对 IP 地址和端口进行配置。单击"下一步"按钮，在随后出现的"网站主目录"对话框中输入主目录路径 D:\job，单击"下一步"按钮；再在之后出现的对话框中单击"下一步"按钮，直到单击"完成"按钮，结束办公网站的建立。这时，新建的办公网站描述符 job 会出现在 IIS 管理器的左侧窗口中。

（2）创建休闲网站

按创建办公网站同样方法，创建休闲网站。要注意，在创建休闲网站时，在网站描述文本框中输入 fun，并将网站的 TCP 端口改为 8080。

### 3. 配置和管理网站

（1）办公网站的配置与管理

在 IIS 管理器窗口中，右键单击 job，选择"属性"命令，打开如图 7-25 所示的网站属性对话框。

① 设置网站属性

在网站属性对话框的"网站"选项卡中，可对网站的以下属性进行设置。

● 描述：网站在 IIS 管理器中使用的标识（不是网站的域名），本网站设为 job。

● IP 地址：设置网站使用的 IP 地址。可通过"IP 地址"文本框右边的下拉箭头选择在该计算机上定义过的 IP 地址。本网站 IP 地址是 172.23.202.10。

● TCP 端口：设置该网站使用的 TCP 端口，默认情况下为 80，用户可以进行更改。本网站使用默认的 80 端口。

图 7-25　办公网站属性对话框

● SSL 端口：指定安全套接层（SSL）使用的端口号，默认为 443，只有网站用到加密功能时，才启用该项设置。本网站未使用该功能。

● 连接超时：设置服务器断开未活动用户的时间。如果客户在连续的一段时间内未与服务器进行联系，将被服务器断开连接。本网站采用默认值。

● 保持 HTTP 连接：选择该项，可使客户端与服务器保持连接，直到客户主动中止连接或服务器自动断开连接，而不是客户每请求一次都要打开与关闭连接。禁用该选项可能会降低服务器性能。本网站选择保持连接。

② 设置网站主目录

在网站属性对话框中，单击"主目录"选项卡，打开如图 7-26 所示的主目录设置对话框。

首先，要选择网站主目录所在的位置。可供选择的类型有三个：此计算机上的目录、另一台计算机上的共享和重定向到 URL。选择不同的位置，对话框中的其他选项会发生相应变化。最常使用的是第一种类型，也是默认选择。本网站使用默认选择。

选择了"此计算机上的目录"选项后，可通过对话框中的"浏览"按钮，为网站选择本地主目录。本网站中，已选择 D 盘中 job 文件夹，作为办公网站的主目录。

设置好主目录后，还要对该对话框中的访问权限做正确设置。本网站选择默认设置。

③ 设置网站默认文档

通常，用户访问网站时，只在浏览器地址栏中输入网站域名或 IP 地址，并不输入具体的网页文件名。这种情况下，Web 服务器就将默认文档发送给浏览器。这个默认文档即我们所说的网站主页（首页）。因此，设置网站默认文档，即确定网站主页文件。

在网站属性对话框中，单击"文档"选项卡，打开文档设置对话框。在该对话框中，单击"添加"按钮，弹出"添加内容页"对话框，如图 7-27 所示。在"添加内容页"对话框中，输入网站的默认文档，本实验为办公网站设置的默认文档名为 job.htm，单击"确定"按钮完成添加。然后将默认文档 job.htm 上移到列表顶部。

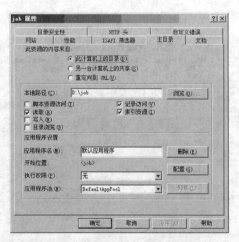

图 7-26　办公网站主目录设置对话框

图 7-27　办公网站文档设置对话框

一个网站可以设置多个默认文档，并可通过默认文档列表下方的"上移"、"下移"按钮调整默认文档的优先级顺序。Web 服务器收到客户请求时，会根据默认文档列表中文档的优先顺序，在网站主目录中寻找默认文档。建议在默认文档列表中，只保留网站首页实际使用文件名。

（2）休闲网站的配置与管理

按照配置办公网站的同样方法，配置休闲网站。只是休闲网站描述改为 fun，TCP 端口改为 8080，主目录改为 D:\fun，默认文档名改为 fun.htm。

4. 测试网站

（1）办公网站的测试

方法一：在 IIS 管理器窗口，右键单击 job，在弹出的快捷菜单中选择"浏览"命令，如果网站配置正确，将显示主页文件 job.htm 的内容。

方法二：选择网内任一台计算机作为客户端访问网站。以 PC1 为例。打开 IE 浏览器，在地址栏输入 http://172.23.202.10，如果网站配置正确，将显示主页文件 job.htm 的内容。

方法三：选择网内任一台计算机作为客户端访问网站。以 PC1 为例。首先确定 PC1 的首选域名服务器 IP 地址为 172.23.202.20。打开 IE 浏览器，在地址栏输入 http://www.net.test，如果网站配置正确，将显示主页文件 job.htm 的内容。

（2）休闲网站的测试

方法一：在 IIS 管理器窗口，右键单击 fun，在弹出的快捷菜单中选择"浏览"命令，如果网站配置正确，将显示主页文件 fun.htm 的内容。

方法二：同测试办公网站，以 PC1 为例。打开 IE 浏览器，在地址栏输入 http://172.23.202.10：8080（注意这里的 8080 不能缺少），如果网站配置正确，将显示主页文件 fun.htm 的内容。

方法三：同测试办公网站，以 PC1 为例。首先确定 DNS 服务器设置正确，然后打开 IE 浏览器，在地址栏输入 http://www.net.test：8080，如果网站配置正确，将显示主页文件 fun.htm 的内容。

网站测试结果如图 7-28 所示。

图 7-28　办公网站和休闲网站浏览测试结果

## 7.3.5　FTP 服务器的配置与管理

### 1. FTP 站点规划

与建立 Web 网站一样，也可以通过虚拟主机技术，在一台计算机上建立多个 FTP 站点。但与 Web 虚拟主机技术不同的是，FTP 站点只能通过分配 TCP 端口和 IP 地址两种方式来维护多个 FTP 站点。

本实验准备在 FTP 服务器上建立一个 FTP 站点，主目录是 D: \ myftp。

创建 FTP 站点时，IIS 允许选用以下三种模式来建立 FTP 站点。

• 不隔离用户：当用户连接此类型的 FTP 站点时，都将被导向到同一个文件夹，也就是被导向到 FTP 站点的主目录。

• 隔离用户：必须在 FTP 站点的主目录之下，为每一个用户创建一个专用的子文件夹，而且子文件夹的名字必须与用户的登录账户名称相同，这个子文件夹就是该用户的专用访问目录。当用户登录此 FTP 站点时，将自动被导向到与账户相同的文件夹内，而且无权限切换到其他用户的目录，从而起到安全隔离作用。

• 用 Active Directory 隔离用户：用户必须利用域用户账户来连接此类型的 FTP 站点，且必须在 Active Directory 的用户账户内指定其专用的主目录，这个主目录可以位于 FTP 站点内，也可以位于网络上的其他计算机内。当用户登录此 FTP 站点时，将自动被导向到该用户的主目录内，而且无权切换到其他用户的主目录。

必须在创建 FTP 站点时就决定是否要启用 FTP 隔离用户功能，因为 FTP 站点创建完成后就不能更改了。

本实验选择 FTP 隔离用户功能。要实现用户隔离，在配置 FTP 服务器之前需要完成 FTP 主目录、匿名访问目录及用户账户目录的创建工作。本实验创建目录操作如下。

（1）在 D 盘下建立 myftp 文件夹，作为本 FTP 站点的主目录。

（2）在 myftp 下建立子目录，命名为 localuser（必须用 localuser 命名）。

（3）在 localuser 中以用户账户为名字创建相应子目录。本实验中创建两个用户目录分别为 user1 和 user2，user1 目录下的文件供用户 user1 访问使用，user2 目录下的文件供用户 user2 访问使用。

（4）假设本实验案例允许用户匿名登录，因此需要在 localuser 中创建 public 子目录（必须用 public 命名），该目录下的文件供匿名用户访问（以有效账户登录的用户只能访问自己的专用目录，不能访问其他目录，也不能访问 public 目录）。

（5）在服务器上建立两个用户账户 user1、user2。建立过程如下：在桌面上右键单击"计算机"，选择"管理"命令，打开"计算机管理"窗口，展开"本地用户和组"，右键单击"用户"文件夹，选择"新用户"命令，打开如图 7-29 所示的"新用户"对话框。在该对话框中设置好用户的访问账户以及密码信息，将"用户下次登录时须更该密码"复选框的选中状态取消，同时选中"用户不能更该密码"和"密码永不过期"，单击"创建"按钮，这样，user1 用户的账户信息就创建成功了。以同样方法创建 user2 用户账户信息。

2. 创建 FTP 网站

打开 IIS 管理器窗口，右键单击"默认 FTP 站点"，选择"停止"命令，停止默认 FTP 站点的运行。然后右键单击"FTP 站点"，选择"新建"→"FTP 站点"命令，打开 FTP 站点创建向导。直接单击"下一步"按钮，打开"FTP 站点描述"对话框，如图 7-30 所示。

图 7-29 "新用户"对话框

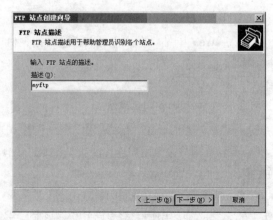

图 7-30 "FTP 站点描述"对话框

在"描述"文本框中输入 myftp，单击"下一步"按钮，打开"IP 地址和端口设置"对话框，直接单击"下一步"按钮，打开"FTP 用户隔离"对话框。选择"隔离用户"单选按钮，在随后出现的对话框中输入 myftp 站点的主目录 D:\myftp，然后单击"下一步"按钮，在之后出现的对话框中直接单击"下一步"按钮，出现"已成功完成 FTP 站点创建向导"对话框，单击"完成"按钮，完成 FTP 站点的建立。新建 FTP 站点描述符 myftp 会出现在 IIS 管理器的左侧窗口中。

3. 配置 FTP 站点

（1）设置 FTP 站点的基本属性

在 IIS 管理器窗口中，右键单击 myftp，选择"属性"命令，打开如图 7-31 所示的 FTP 站点属性设置对话框。

在"FTP 站点"选项卡中，可以设置 FTP 站点的描述、IP 地址、TCP 端口和 FTP 站点连接等基本属性，除了需将 TCP 端口设置为 21 外，其他属性的设置与 Web 网站的设置类似，这里不再详述。

（2）设置 FTP 站点的主目录

单击图 7-32 所示的"主目录"选项卡，打开主目录设置对话框。

选择"此计算机上的目录"单选按钮，利用"浏览"按钮选择 D:\myftp 作为本地路径。将主目录访问权限"读取""写入"和"记录访问"复选框都选中，这样，用户不但可以下载文件，还可以上传文件。目录列表样式默认为"MS-DOS"，因为绝大多数客户软件接受 UNIX 样式，为保持较好的兼容性，应选择"UNIX"样式。

（3）设置 FTP 站点的目录安全性

单击"目录安全性"选项卡，可打开目录安全性设置对话框，用来设置允许或不允许访问本 FTP 站点的 IP 地址。

图 7-31　FTP 站点属性设置对话框

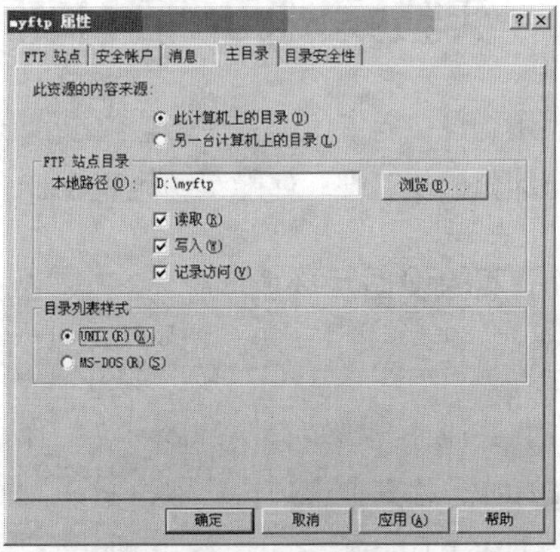

图 7-32　FTP 站点主目录设置对话框

（4）设置 FTP 站点的安全账户

单击图 7-33 所示的"安全账户"选项卡，打开安全账户设置对话框，用来设置是否允许匿名登录到本 FTP 站点。对话框中供用户匿名访问 FTP 站点的账户为 Windows 系统中的有效账户。本实验案例中使用对话框中出现的默认用户名和密码即可。

如果选中"只允许匿名连接"，则禁止有账户的用户通过账户登录 FTP 站点。

4. 测试 FTP 站点

（1）匿名访问 myftp 站点

在本实验网络中的任一台客户机，如 PC1 上，首先设置

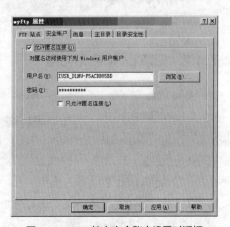

图 7-33　FTP 站点安全账户设置对话框

域名服务器的 IP 地址为 172.23.202.20。打开 IE 浏览器，在地址栏输入 ftp://ftp.net.test（或 ftp://172.23.202.10），将会匿名连接到 FTP 服务器。这时在 IE 浏览器中显示的是可供匿名访问的文件及目录列表。

匿名登录时一般不要求用户输入用户名和密码，若需要，可用"anonymous"作为用户名，以任意电子邮件地址为密码来登录。要想下载某个文件，可在浏览器显示的文件列表中，选中该文件，然后通过"复制"、"粘贴"操作，将文件下载到本地计算机上。要想上传本地计算机中的某个文件，可以选中该本地文件，然后通过"复制"操作，"粘贴"到 IE 浏览器的文件列表窗口中，即完成上传工作。这时，进入 FTP 服务器的主目录，可以在匿名访问目录 D:\myftp\localuser\public 中发现刚刚上传的文件。

（2）通过账户访问 myftp 站点

同样以 PC1 作为客户端，以账户 user1、密码 user1 登录 FTP 站点。在地址栏输入 ftp://user1:user1@ftp.net.test（或 ftp://user1:user1@172.23.202.10），将连接到 FTP 服务器。这时在 IE 浏览器中显示的是供用户 user1 访问的文件及目录列表。

要想验证下载或上传功能，可参照步骤（1）进行操作。

同样方法，可以访问 user2 及其他有效账户的文件传输服务。

# 7.4 实验案例四：DHCP 服务器的配置

应用场景：为了使用方便，某公司的网管准备在本公司局域网中，通过 DHCP 服务器实现 IP 地址的自动分配及管理。你能帮助他完成 DHCP 服务器的架设与配置吗？

## 7.4.1 实验设备及环境

计算机若干台，组成局域网。其中，一台计算机装有 Windows 2003 Server 操作系统，当作 DHCP 服务器，其他计算机装有 Windows 7 操作系统，当作客户机。为了描述方便，这里称 DHCP 服务器为 S_DHCP，称其他客户机分别为 PC1、PC2……。

为 DHCP 服务器分配静态 IP 地址为：172.23.202.21，子网掩码为 255.255.255.0。

为 DHCP 服务器预留的供动态分配的 IP 地址段为 172.23.202.30~172.23.202.39，共 10 个 IP 地址，子网掩码为 255.255.255.0。

## 7.4.2 安装 DHCP 服务器

Windows Server 2003 中的 DHCP 服务不是默认安装，需手动添加。

（1）安装 DHCP 服务器：选择控制面板中的"添加或删除程序"→"添加/删除 Windows 组件"→"网络服务"→"动态主机配置协议 DHCP"命令进行安装。

（2）启动 DHCP 服务：选择"开始"→"程序"→"管理工具"→"DHCP"命令来启动 DHCP 控制台（见图 7-34），对 DHCP 服务器进行配置管理。

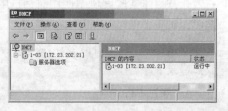

图 7-34　DHCP 控制台

1. 创建作用域

DHCP 服务器的配置信息是以作用域为单位来管理。每个作用域拥有特定的 IP 地址范围，供网络中的 DHCP 客户端租用。DHCP 服务器通过作用域，对使用 DHCP 服务的子网进行管理，一般情况下，一个作用域对应一个子网。

（1）在 DHCP 控制台中，右键单击相应的 DHCP 服务器，选择"新建作用域"命令，打开新建作用域向导对话框。单击"下一步"按钮，打开"作用域名"对话框，如图 7-35 所示。在"名称"文本框中输入作用域名称 dhcp_test，在"描述"文本框中输入"DHCP 服务器实验"。单击"下一步"按钮，打开图 7-36 所示的"IP 地址范围"对话框。

（2）在图 7-36 中，输入用于自动分配的"起始 IP 地址""结束 IP 地址"及"子网掩码"。应注意，每个作用域用于分配的 IP 地址范围中，不能包括该域默认网关的 IP 地址，同时还要考虑为每个子网中的服务器保留一部分 IP 地址。

本实验，设定起始 IP 地址为 172.23.202.30，结束 IP 地址为 172.23.202.39，子网掩码为 255.255.255.0。然后，单击"下一步"按钮。

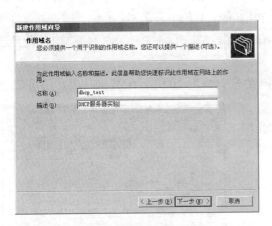

图 7-35 "作用域名"对话框

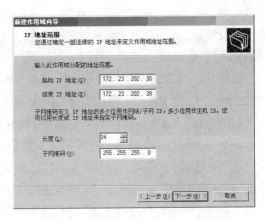

图 7-36 "IP 地址范围"对话框

（3）在打开的"添加排除"对话框中，可以根据需要将用于自动分配的 IP 地址范围内的一段或多段 IP 地址设置为排除地址（被排除的 IP 地址将不再配置给主机使用）。本实验不设置任何排除 IP 地址，因此，直接单击"下一步"按钮。

（4）在打开的"租约期限"对话框中，可以设置客户端从作用域租用 IP 地址的期限。默认租约期限是 8 天。若无特殊要求，采用默认值。本实验采用默认租约期限。因此，直接单击"下一步"按钮。

（5）这时，系统将提示是否现在为此作用域配置 DHCP 选项，如图 7-37 所示。选择"是，我想现在配置这些选项"，则出现相应配置对话框；选择"否，我想稍后配置这些选项"，将直接跳到"正在完成新建作用域向导"对话框。

本实验不马上配置 DHCP 选项，因此选"否，我

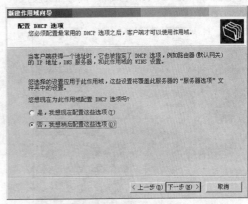

图 7-37 "配置 DHCP 选项"对话框

想稍后配置这些选项"单选按钮，在随后打开的"正在完成新建作用域向导"对话框中，单击"完成"按钮，结束作用域的创建。

**2. 配置和管理作用域**

创建了作用域之后，管理员可以随时通过 DHCP 控制台对各作用域进行配置和管理，主要内容如下。

（1）查看租约信息。

（2）修改作用域名、描述、起始 IP 地址、结束 IP 地址及租约期限。

（3）调整 IP 地址排除范围等。

**3. 设置 DHCP 选项**

DHCP 服务器在向客户机分配 IP 地址的同时，还可以为客户机指定相关的 DHCP 选项，如 DNS 服务器的 IP 地址、默认网关等，从而实现客户端 TCP/IP 协议的自动配置。根据 DHCP 选项的作用范围，可以设置四个不同级别的 DHCP 选项，其中最常用的是服务器选项和作用域选项。

- 服务器选项：应用于 DHCP 服务器的所有作用域。
- 作用域选项：应用于 DHCP 服务器上的某个特定作用域。

管理员应根据实际情况灵活设置。例如，每个作用域的默认网关是各不相同的，因此应该将默认网关设置为作用域选项；而通常在一个网域内，所有作用域都使用同一个 DNS 服务器，因此可以将 DNS 服务器的 IP 地址设置为服务器选项。

假设为本实验中的客户机动态配置的默认网关是 172.23.202.1，配置的 DNS 服务器是 172.23.202.20，则可按如下操作配置 DHCP 选项。

在图 7-38 所示的 DHCP 控制台中，右键单击"作用域选项"，选择"配置"命令，打开如图 7-39 所示的"作用域选项"对话框，选中"003 路由器"复选框，在"IP 地址"文本框中输入默认网关 172.23.202.1，单击"添加"按钮，再单击"确定"按钮完成作用域选项设置。

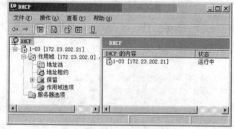

图 7-38　DHCP 控制台

在图 7-38 所示的 DHCP 控制台中，右键单击"服务器选项"，选择"配置选项"命令，打开图 7-40 所示的"服务器选项"对话框，选中"006 DNS 服务器"复选框，在"IP 地址"文本框中输入 DNS 服务器的 IP 地址 172.23.202.20，单击"添加"按钮，再单击"确定"按钮完成服务器选项设置。

图 7-39　"作用域选项"对话框

图 7-40　"服务器选项"对话框

#### 4. 设置客户机保留 IP 地址

在实际应用中,有一些主机希望每次都能分配到同一个 IP 地址,即固定 IP 地址。这可通过在 DHCP 服务器中设置保留地址来完成。操作过程如下。

(1)在 DHCP 控制台中展开某个作用域,右键单击"保留",选择"新建保留"命令,打开图 7-41 所示的"新建保留"对话框。

(2)在该对话框中,可输入为客户机保留的 IP 地址、客户机的 MAC 地址。

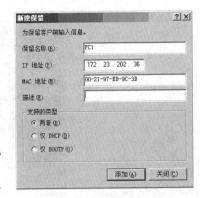

图 7-41　"新建保留"对话框

例如,本实验中,要为 PC1 保留 IP 地址 172.23.202.36,可在图 7-41 中的"IP 地址"文本框中输入 172.23.202.36,在"MAC 地址"文本框中输入 PC1 的 MAC 地址 00-21-97-EB-9C-3D(十六进制),在"保留名称"文本框中输入 PC1,"描述"文本框可不填,"支持的类型"选择"两者"。单击"添加"按钮,完成客户机 IP 地址的保留设置。

#### 5. 激活作用域

在 DHCP 控制台中,右键单击"作用域［172.23.202.0］ dhcp_test",选择"激活"命令,激活该作用域。(注意:如果在创建作用域时,选择了"是,我想现在配置这些选项",则可以在"激活作用域"对话框中直接激活作用域)

### 7.4.3　Windows 7 中客户端的配置

在网中任一台客户机上,打开"Internet 协议版本 4 (TCP/IPv4)属性"配置对话框,如图 7-42 所示,选择"自动获得 IP 地址"和"自动获得 DNS 服务器地址",单击"确定"按钮,在随后打开的对话框中单击"确定"按钮,然后单击"关闭"按钮,完成设置。

### 7.4.4　IP 地址动态分配测试

图 7-42　"Internet 协议版本 4 (TCP/IPv4)属性"配置对话框

#### 1. 申请动态 IP 地址测试

在网中任意一台客户机上,打开 DOS 命令窗口,使用 ipconfig/all 命令,查看该计算机中 TCP/IP 配置信息。以 PC2 为例,其自动获取的 TCP/IP 配置信息如图 7-43 所示。

从图 7-43 中还可以看到 PC2 租约 IP 地址的时间及期限。

请读者自己完成以下操作,观察运行结果(以下操作均在 PC2 的 DOS 窗口中进行)。

- 运行 ipconfig/release 命令。
- 运行 ipconfig/all 命令,查看执行结果。
- 运行 ipconfig/renew 命令。
- 运行 ipconfig/all 命令,查看执行结果。

- 依次重复上述操作，观察并理解执行结果。

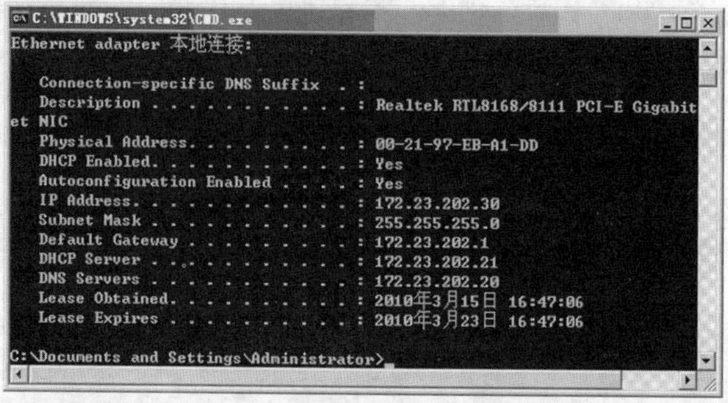

图 7-43　PC2 TCP/IP 自动配置信息

### 2. 申请保留 IP 地址测试

在 PC1 中自动获取的 TCP/IP 配置信息如图 7-44 所示，可以看到，其分配的 IP 地址正是在 7.4.2 节中为其保留的 IP 地址 172.23.202.36。

图 7-44　PC1 TCP/IP 自动配置信息

同样，请读者在 PC1 中反复执行 ipconfig/release、ipconfig/renew 和 ipconfig/all 命令，观察并理解执行结果。

# 7.5 实验案例五：虚拟局域网 VLAN 的构建

应用场景：某公司有计算机若干台，已经连成一个局域网。这些计算机分别供该公司的三个部门使用，分别是财务部、业务部和市场部。公司为了安全考虑，准备将整个局域网划分成三个虚拟局域网（VLAN），各个部门的计算机划分在同一个 VLAN 中，并且要求不同部门的计算机（即不同 VLAN 中的计算机）应能互相访问。你能帮助他们完成这项任务吗？

## 7.5.1 实验环境与设备

6 台计算机，Windows 7 操作系统，一台三层交换机（本案例中使用的是锐捷 RG-S5750）。

### 7.5.2 VLAN 构建方案

划分 VLAN 的方法有多种，本实验案例采用最简单也是最常用的基于交换机端口的划分方式。在交换机上创建三个 VLAN，分别命名为 VLAN 10、VALN 20 和 VALN 30。然后根据需要将交换机各个端口分配到不同的 VLAN 中（在默认的情况下，交换机的所有端口都属于同一 VLAN，即 VLAN 1）。计算机连接在哪一个 VLAN 的端口上，就属于哪一个 VLAN。网络构建步骤如下。

（1）将 6 台计算机连成局域网。

（2）在局域网基础上构建三个 VLAN，每个 VLAN 分配两台计算机。

（3）实现不同 VLAN 间的互访。

### 7.5.3 组建局域网

参照 7.1 节介绍的组网方法，将 6 台计算机（编号为 PC1~PC6）通过锐捷交换机 RG-S5750 连成如图 7-45 所示的局域网。

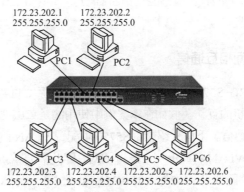

图 7-45　6 台计算机组成以太网示意图

### 7.5.4 划分 VLAN

锐捷交换机 RG-S5750 带有 24 个 10/100/1 000M 自适应以太网端口，分别以 g0/1~g0/24 表示。RG-S5750 划分 VLAN 的主要命令如下。

（1）创建三个 VLAN，分别标识为 VLAN 10、VLAN 20 和 VLAN 30。

| | |
|---|---|
| switch#configure terminal | ；进入交换机全局配置模式 |
| switch(config)# vlan 10 | ；创建 VLAN 10 |
| switch(config)# vlan 20 | ；创建 VLAN 20 |
| switch(config)# vlan 30 | ；创建 VLAN 30 |

（2）将端口分配到 VLAN，即将各计算机划分到相应 VLAN。

switch(config)#interface range gigabitethernet 0/13-16

switch(config-if)#switchport access vlan 10

switch(config-if)#exit

；将交换机端口 13~16 加入 VLAN 10，这样设置后 VLAN 10 可分配 4 台主机。实验中我们可将

PC1 和 PC2 连在交换机 13~16 中的任意两个端口上，因此，PC1、PC2 被划分到 VLAN 10。

switch(config)#interface range gigabitethernet 0/3-8

switch(config-if)#switchport access vlan 20

switch(config-if)#exit

；将交换机端口 3~8 加入 VLAN 20，这样设置后 VLAN 20 可分配 6 台主机。实验中我们可将 PC3 和 PC4 连在交换机 3~8 中的任意两个端口上，因此，PC3、PC4 被划分到 VLAN 20。

switch(config)#interface range gigabitethernet 0/17-20

switch(config-if)#switchport access vlan 30

switch(config-if)#exit

；将交换机端口 17~20 加入 VLAN 30，这样设置后 VLAN 30 可分配 4 台主机。实验中我们可将 PC5 和 PC6 连在交换机 17~20 中的任意两个端口上，因此，PC5、PC6 被划分到 VLAN 30。

（3）测试 VLAN 内及 VLAN 间各主机间的连通性

使用 ping 命令测试各 VLAN 内及各 VLAN 间主机之间的连通性。发现同一 VLAN 内的计算机可以进行通信，不同 VLAN 间的计算机不能互相通信。这个结果正是划分 VLAN 的目的：隔离广播、提高安全性、便于流量管理。

## 7.5.5　实现各 VLAN 间相互通信

本实验案例中使用的 RG-S5750 是三层交换机，进行配置后，可实现不同 VLAN 间的路由功能，从而完成不同 VLAN 间主机的互访。假如在本案例中使用的是二层交换机，那么需通过增设路由器才能完成不同 VLAN 间的通信。下面介绍 RG-S5750 中配置 VLAN 路由的方法。

划分 VLAN 后，每个 VLAN 各属于一个逻辑子网，因此需要重新分配 IP 地址。本实验案例中，为 VLAN 10 分配的 IP 网段为 172.23.201.0/255.255.255.0，为 VLAN 20 分配的 IP 网段为 172.23.202.0/255.255.255.0，为 VLAN 30 分配的 IP 网段为 172.23.203.0/255.255.255.0。

当用户在 RG-S5750 中创建了一个 VLAN 后，交换机中会形成对应的一个虚拟接口（SVI）。通过这个虚拟接口可以实现不同 VLAN 中主机间的通信。这个虚拟接口实际上就是每个 VLAN 的默认网关。

假设 VLAN 10、VLAN 20 和 VLAN 30 三个子网的默认网关分别为 172.23.201.1、172.23.202.1 和 172.23.203.1。

（1）配置交换机虚拟接口，为每个 VLAN 确定 IP 地址、子网掩码和默认网关。

switch(config)#interface vlan 10

switch(config-if)#ip address 172.23.201.1 255.255.255.0

switch(config-if)#no shutdown

switch(config-if)#exit

；设置 VLAN 10 的默认网关为 172.23.201.1，子网掩码为 255.255.255.0

switch(config)#interface vlan 20

switch(config-if)#ip address 172.23.202.1 255.255.255.0

switch(config-if)#no shutdown

switch(config-if)#exit

；设置 VLAN 20 的默认网关为 172.23.202.1，子网掩码为 255.255.255.0

switch(config)#interface vlan 30

switch(config-if)#ip address 172.23.203.1 255.255.255.0

switch(config-if)#no shutdown

switch(config-if)#exit

；设置 VLAN 30 的默认网关为 172.23.203.1，子网掩码为 255.255.255.0

通过上述配置后，各 VLAN 内可以使用的 IP 地址、子网掩码和默认网关分别是：

VLAN 10：172.23.201.2~172.23.201.254、255.255.255.0、172.23.201.1

VLAN 20：172.23.202.2~172.23.202.254、255.255.255.0、172.23.202.1

VLAN 30：172.23.203.2~172.23.203.254、255.255.255.0、172.23.203.1

按照上述规定，为各台计算机重新配置 IP 地址，配置结果如图 7-46 所示。

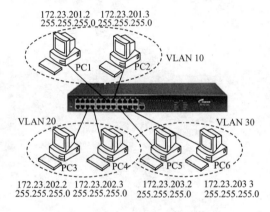

图 7-46　划分 VLAN 后的网络示意图

（2）测试各 VLAN 内主机及各 VLAN 间主机之间的连通性。

使用 ping 命令测试各 VLAN 内及各 VLAN 间主机之间的连通性。这时，同一 VLAN 内及不同 VLAN 内的计算机都能相互通信。从而实现了各 VLAN 之间的互相访问。

# 习　题

1. 你还知道哪些其他的 DNS 服务器、Web 服务器及 FTP 服务器？知道如何使用吗？

2. 某网络中主机采用自动 IP 地址配置方案，要想每次为网中的某一台计算机申请同一个 IP 地址，是否可以？如何实现？能通过 DHCP 为服务器分配 IP 地址吗？

3. 通过交换机联网与通过 Hub 联网有什么不同？

4. 什么是二层交换机？什么是三层交换机？三层交换机与路由器有什么不同？

5. 划分 VLAN 有什么好处？都有哪些划分 VLAN 的方法？如何实现 VLAN 间的通信？

6. 如图 7-47 所示，三个网络 net1、net2 和 net3 通过路由器 R1 和 R2 连接，三个网络的网络地址和子网掩码分配情况如图 7-47 所示，R1 和 R2 的两个接口的 IP 地址分配也如图 7-47 所示，请对网络中的 B 主机给出可能的 TCP/IP 参数配置（IP 地址、子网掩码、默认网关），并说明理由。注意：

请列出所有可能的配置结果。

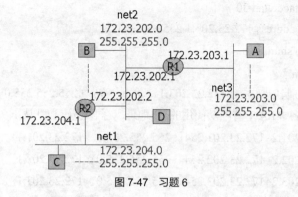

图 7-47　习题 6

# 参考答案

## 第1章

**一、填空题**

1. 信息交换及通信、资源共享、提高可靠性、分布处理与负载均衡
2. 计算机系统中的硬件、软件、数据
3. 以单机为中心的远程联机系统、多台主机互联的通信系统、国际标准化的计算机网络、Internet 时代
4. 总线型结构、星型结构、环形结构、树型结构、网状型结构
5. 网络服务器和工作站、网络传输介质、网络设备
6. 通信子网、资源子网
7. Web 1.0、Web 2.0、Web 3.0
8. 资讯、互动
9. 智能终端、系统软件、应用软件
10. Blog（博客）、SNS（社交网络服务）
11. 宽带无线接入技术、移动终端技术

**二、判断题**

1. × 2. √ 3. × 4. √ 5. × 6. √ 7. × 8. √ 9. √ 10. √ 11. ×
12. √ 13. √ 14. √

**三、单项选择题**

1. D 2. C 3. B 4. D 5. A 6. C 7. B 8. D 9. C 10. A 11. C
12. B 13. C

**四、简答题**

（略）

## 第2章

**一、填空题**

1. 采样、量化、编码
2. ASK（幅移键控）、FSK（频移键控）、PSK（相移键控）
3. 并行传输、串行传输、串行传输
4. 单工、半双工、全双工

5. 频分复用、时分复用、码分多路复用

6. 电路交换、存储转发交换、存储转发交换、分组交换

7. 双绞线、同轴电缆、光纤

8. 微波、激光、红外线、短波

## 二、判断题

1. × 2. × 3. √ 4. × 5. √ 6. √ 7. √ 8. × 9. × 10. √ 11. √ 12. √

## 三、单项选择题

1. D 2. C 3. D 4. C 5. C

## 四、简答题

（略）

# 第3章

## 一、填空题

1. TCP/IP

2. 端口

3. 物理、帧、网络

4. UDP、TCP

5. A、B、C

6. ARP

7. IP、物理

8. 通信子网、资源子网

## 二、判断题

1. × 2. × 3. × 4. × 5. √ 6. × 7. × 8. ×

## 三、单项选择题

1. D 2. A 3. A 4. C 5. D 6. C 7. D 8. D 9. A 10. A 11. C 12. D 13. B 14. C

## 四、简答题

（略）

# 第4章

## 一、填空题

1. 总线型、环型、星型

2. 侦听、发送检测、冲突处理

3. 静态 VLAN、动态 VLAN

4. 路径选择、过滤功能、分割子网

5. 逻辑链路控制（LLC）、介质访问控制（MAC）

6. 静态划分信道技术、动态介质接入控制

7. 使用无线 AP、使用无线路由

**二、判断题**

1. × 2. √ 3. × 4. × 5. √ 6. √

**三、单项选择题**

1. C 2. A 3. B 4. B 5. C 6. D 7. B

**四、简答题**

（略）

## 第 5 章

**一、填空题**

1. 客户机/服务器模式（C/S 模式）、浏览器/服务器模式（B/S 模式）、P2P 模式

2. 主机名

3. 域名、IP 地址

4. 超级链接

5. 超文本标记语言（HTML）

6. PHP、JSP、ASP、NET

7. 邮件服务器、邮件客户端、邮件协议

8. 实现两台主机间的文件传输

9. 自动分配 IP 地址及相关 TCP/IP 信息的配置、IP 地址不足

10. 台式计算机、个人计算机、移动智能设备

11. iOS、Android

12. 触摸的人机交互方式、创新的 APP Store 商业模式

13. 规模更大、速度更快、安全性更高

14. 广播、组播

15. IPv6、128

**二、判断题**

1. × 2. √ 3. × 4. √ 5. √ 6. × 7. × 8. √ 9. × 10. √ 11. × 12. √ 13. √

14. √ 15. × 16. √ 17. √ 18. √ 19. √ 20. √ 21. √ 22. √ 23. √ 24. × 25. ×

**三、单项选择题**

1. C 2. B 3. D 4. D 5. D 6. B 7. A 8. B 9. C 10. B 11. D 12. A 13. C

14. A 15. D 16. C 17. C 18. D 19. B 20. D 21. C

**四、简答题**

（略）

## 第6章

**一、填空题**

1. 入侵检测系统、防火墙
2. 发送方的私钥、发送方的公钥
3. 单机病毒、网络病毒
4. 密码技术
5. 恶意代码

**二、判断题**

1. × 2. √ 3. × 4. × 5. √ 6. × 7. √ 8. ×

**三、单项选择题**

1. B 2. B 3. C 4. B 5. A 6. D 7. C 8. B 9. C 10. C

**四、简答题**

（略）

## 第7章

（略）